W0383111

Bernd Ganser (Hrsg.)/Heike Escher/Beate Schulze/Werner Zucker

Individuell fördern Mathe 5

Natürliche Zahlen und Grundrechenarten

Kopiervorlagen in drei Differenzierungsstufen mit Tests

Auer Verlag GmbH

Der Herausgeber:

Dr. Bernd Ganser: Schulpsychologe und Institutsdirektor sowie Leiter des Referats Schulberatung an der Akademie für Lehrerfortbildung und Personalführung Dillingen

Die Autoren:

Heike Escher: Hauptschullehrerin

Beate Schulze: Hauptschullehrerin

Werner Zucker: Hauptschullehrer, in der Fortbildung tätig

Gedruckt auf umweltbewusst gefertigtem, chlorfrei gebleichtem
und alterungsbeständigem Papier.

1. Auflage 2010
Nach den seit 2006 amtlich gültigen Regelungen der Rechtschreibung
© by Auer Verlag GmbH, Donauwörth
Alle Rechte vorbehalten
Das Werk und seine Teile sind urheberrechtlich geschützt. Jede Nutzung in anderen als den gesetzlich zugelassenen Fällen bedarf der vorherigen schriftlichen Einwilligung des Verlages.
Hinweis zu § 52 a UrhG: Weder das Werk noch seine Teile dürfen ohne eine solche Einwilligung eingescannt und in ein Netzwerk eingestellt werden. Dies gilt auch für Intranets von Schulen und sonstigen Bildungseinrichtungen.
Illustrationen: Thorsten Trantow
Satz: Typographie & Computer
Druck und Bindung: Aubele Druck GmbH, Bobingen
ISBN 978-3-403-0**6509**-8

www.auer-verlag.de

Inhaltsverzeichnis

Das Einführungsmaterial finden Sie auf der CD-ROM.

Escher/Schulze/Zucker: Individuell fördern – Mathe 5: Natürliche Zahlen und Grundrechenarten © Auer Verlag GmbH, Donauwörth

Escher/Schulze/Zucker: Individuell fördern – Mathe 5: Natürliche Zahlen und Grundrechenarten © Auer Verlag GmbH, Donauwörth

Das Wiederholungsmaterial finden Sie auf der CD-ROM.

Die Lösungen zu allen Aufgaben finden Sie auf der beiliegenden CD-ROM!

Escher/Schulze/Zucker: Individuell fördern – Mathe 5: Natürliche Zahlen und Grundrechenarten © Auer Verlag GmbH, Donauwörth

Vorwort

Steigende Anforderungen an Schule und Unterricht

Die von der Gesellschaft an die Schule delegierten Aufgaben verändern sich rasant und werden immer komplexer. Schon allein dies erfordert eine stetige Weiterentwicklung der Lehr- und Lernkultur. Dabei geht es weniger um die Entwicklung von Wissensbeständen, sondern vor allem um die Entwicklung der Persönlichkeit, um die Befähigung zu lebenslangem Lernen und um den Erwerb von Lernkompetenz.
Hinzu kommt die uneingeschränkte Erwartung an die Lehrer[1], problemlos mit einer zunehmend heterogenen Schülerschaft zurechtzukommen.
Der Ruf nach adäquater individueller Förderung im Unterricht wird immer lauter: Für jeden Lehrer bedeutet dies die Berücksichtigung der enormen Unterschiede im Leistungsspektrum, des Entwicklungsalters und der Sozialisation von Schülern einer Klasse.
Weitere Forderungen, die im (pädagogischen) Raum stehen, sind:

- ✓ den einzelnen Schüler diagnosegeleitet zum eigenständigen Lernen anzuhalten,
- ✓ normative Erwartungen zugunsten subjektiver Leistungsziele zu reduzieren,
- ✓ Lernzuwachs auf der Basis von individuellen Bezugsnormen zu ermitteln,
- ✓ passgenaue Fördermöglichkeiten parat zu haben usw.

Hierzu wurden in allen Bundesländern unter verschiedenen Namen unterrichtspraktische Methoden der gezielten Kompetenzförderung durch Individualisierung und Differenzierung entwickelt. In Bayern wurde in diesem Zusammenhang die **„Modulare Förderung“** initiiert.

Modulare Förderung als administrative Vorgabe

Nach dem Konzept der Modularen Förderung sollen alle schulischen Bemühungen darauf abzielen, die Ausbildungsreife der Schüler so weit zu steigern, dass jeder zur Berufsfähigkeit gelangt. Dies setzt wiederum voraus, dass alle Schüler einen Schulabschluss erreichen. Von diesem Ziel ist Schule häufig jedoch noch weit entfernt, denn es fehlt bei den Lernenden oft an der Beherrschung von altersgemäßen Kernkompetenzen.
Modulare Förderung propagiert **kompetenzorientiertes Lernen**. Dazu werden die relevanten Lerninhalte in Einheiten (Module) gegliedert. Schüler sollen so in lebensnahen, thematischen und zeitlich begrenzten Zusammenhängen für sie passende Lernangebote erhalten. Dazu erfolgt eine **Differenzierung** nach Leistung oder Neigung, die sowohl klassenübergreifend als auch jahrgangsstufenübergreifend organisiert werden kann. Sämtliche Inhalte werden auf **drei Leistungsstufen** vermittelt: dem grundlegenden (leichte Aufgaben), dem qualifizierenden

[1] Wenn in diesem Werk von Lehrer gesprochen wird, ist immer auch die Lehrerin gemeint. Ebenso verhält es sich mit Schüler und Schülerin etc.

Escher/Schulze/Zucker: Individuell fördern – Mathe 5: Natürliche Zahlen und Grundrechenarten © Auer Verlag GmbH, Donauwörth

(mittelschwere Aufgaben) und dem weiterführenden (schwerere Aufgaben) Niveau. Vor und nach der Modulphase erfolgt zur Vor- bzw. Nachbereitung des Stoffs jeweils eine Klassenunterrichtsphase mit allen Schülern.

Sollten Sie an der Hauptschule unterrichten, so kommt eine Fülle an zusätzlichen Anforderungen und Belastungen auf Sie zu.

Die Reihe „Individuell fördern Mathematik"

Diese neue Reihe enthält eine Fülle an praxiserprobten, breit gefächerten Hilfen zur Differenzierung und zur individuellen Förderung, sodass Sie Ihren täglichen Unterricht ganz individuell und zeitsparend gestalten können. **Sämtliche Themen des jeweiligen Schuljahres** werden lehrplankonform behandelt, sind übersichtlich strukturiert und orientieren sich an den Bildungsstandards.

Passgenaue Einsatzmöglichkeiten:

Die Reihe „Individuell fördern Mathematik" ist speziell auf die **unterschiedlichen Rahmenbedingungen** ausgerichtet, die an der einzelnen Schule bestehen:
Durch die flexible Zuordnung der Schüler zu drei verschiedenen Leistungsniveaus wird eine Unter- bzw. Überforderung des einzelnen Lerners vermieden. Unter Berücksichtigung der **unterschiedlichen Leistungsfähigkeit und Lernbereitschaft** wird damit ein optimaler individueller Lernzuwachs gesichert. Gleichzeitig können individuelle Defizite erkannt und durch entsprechend **passgenaue Förder- und Übungsmaterialien** behoben werden. Lerngruppen können so je nach gezeigtem Veränderungspotential des Einzelnen immer wieder neu zusammengestellt werden.

Sorgfältig ausgewählte Materialien, die passgenau auf die unterschiedliche Leistungsfähigkeit der Schüler abgestimmt sind, ermöglichen die **Einführung** eines Themas. So gelingt auch der nahtlose Übergang zu einer angemessenen Menge an **Übungs- und Vertiefungsaufgaben**. Erfolgreiche Lernprozesse werden individuell sichtbar und begünstigen so eine generelle **Steigerung des eigenen Lern- und Arbeitsverhaltens** über die jeweilige Lerneinheit hinaus.

Im Einzelnen bietet Ihnen dieser Band:

- ✓ *Material* zur Einführung des Themas im Klassenunterricht (auf der beiliegenden CD-ROM)
- ✓ dazu passende *Einstufungstests* in zwei Versionen für den Einsatz am Ende der Klassenunterrichtsphase; sie erleichtern die Zuordnung der Schüler in die drei Niveaustufen (auf der beiliegenden CD-ROM)
- ✓ *Kopiervorlagen* in drei Differenzierungsstufen

Escher/Schulze/Zucker: Individuell fördern – Mathe 5: Natürliche Zahlen und Grundrechenarten © Auer Verlag GmbH, Donauwörth

- ✓ *Mitlaufbogen* für den Lehrer und *Selbsteinschätzbogen* für die Schüler; sie ermöglichen eine Evaluation des jeweiligen Lernstands
- ✓ *Wiederholungsmaterial* für die abschließende Klassenunterrichtsphase, das vermischte Aufgaben zu allen Niveaustufen enthält und so auf den Abschlusstest vorbereitet (auf der beiliegenden CD-ROM)
- ✓ *Abschlusstests*, die Aufgaben mit ansteigendem Schwierigkeitsgrad enthalten (auf der beiliegenden CD-ROM)

In der Reihe „Individuell fördern Mathematik" bieten wir Ihnen eine Vielzahl an Materialien zu allen Lernplanthemen an. Wer in Deutsch individuell fördern möchte, sei auf die Reihe „Individuell fördern Deutsch" verwiesen.

Viel Erfolg bei der Arbeit mit den Materialien wünscht

Dr. Bernd Ganser

Escher/Schulze/Zucker: Individuell fördern – Mathe 5: Natürliche Zahlen und Grundrechenarten © Auer Verlag GmbH, Donauwörth

1. Arbeit mit der Stellenwerttafel im Bereich Million

1. Trage die folgenden Zahlen richtig in die Stellenwerttafel ein:

	HM	ZM	M	HT	ZT	T	H	Z	E
Beispiel: 12738					1	2	7	3	8
a) 4329									
b) 60133									
c) 225479									
d) 1859730									
e) 57432891									
f) 898									
g) 543789978									
h) 6739125									

2. Ordne die Zahlen aus Aufgabe 1 der Größe nach. Beginne mit der kleinsten Zahl. Verwende das <-Zeichen

3. Gib jeweils den Vorgänger und den Nachfolger an. Beginne wieder mit der kleinsten Zahl.

Schreibe wie im Beispiel: **1778** < 1779 < **1780**

4. Zähle in Zehntausenderschritten von 60000 bis 130000. Schreibe auf.

Escher/Schulze/Zucker: Individuell fördern – Mathe 5: Natürliche Zahlen und Grundrechenarten © Auer Verlag GmbH, Donauwörth

2. Zahlbeziehungen im Bereich Million

1. Nenne jeweils den unmittelbaren Vorgänger und Nachfolger wie im Beispiel angegeben.

197 170	197 171	**197 172**
	3 420	
	17 239	
	21 299	
	87 801	
	5 999 999	

	7 000 000	
	600 005	
	297 781	
	3 070 459	
	100 000	
	9 085 000	

2. Ordne die folgenden Zahlen der Größe nach. Beginne mit der kleinsten Zahl und verwende das <-Zeichen.

7 007 000   7 000 707   770 007   77   7 070   700 000   707 007

3. Zwischen 1 440 und 1 480 liegen folgende drei **Zehnerzahlen**: 1 4**5**0, 1 4**6**0, 1 4**7**0

a) Wie viele Zehnerzahlen liegen zwischen 150 310 und 150 390? Notiere sie im Heft.

b) Wie viele Hunderterzahlen liegen zwischen 234 600 und 235 200? Notiere sie im Heft.

4. Notiere in deinem Heft alle Zahlen zwischen 100 und 200, die an den letzten beiden Stellen zwei gleiche Ziffern haben.

5. Gib vier weitere Zahlen der Zahlenfolge an. Wie lautet die Rechenvorschrift?

a) 15 100; 15 200; 15 000; 15 100; __________; __________; __________; __________

Rechenvorschrift: ____

b) 215; 430; 429; 858; 857; __________; __________; __________; __________

Rechenvorschrift: ____

Escher/Schulze/Zucker: Individuell fördern – Mathe 5: Natürliche Zahlen und Grundrechenarten © Auer Verlag GmbH, Donauwörth

3. Zahlen zerlegen im Bereich Million

1. Leni und Paul legen mit Plättchen jeweils zwei Zahlen in der Stellenwerttafel. Wie heißen die Zahlen? Schreibe sie in der Ziffernschreibweise auf die Zeilen unter der Tabelle.

		HM	ZM	M	HT	ZT	T	H	Z	E
LENI	a)	●	●●	●	●●●	●●●●	●●●	●●●●●●●●●	●	●
	b)	●●	●●●	●	●●	●●●	●●●●●	●	●●●●●●●●	
PAUL	c)	●●●			●			●●●●●	●●	
	d)		●●●●●			●●●●●●●		●●●		

a) ____________ b) ____________ c) ____________ d) ____________

2. Leni nimmt an der Tausenderstelle ihrer ersten Zahl ein Plättchen weg. Wie heißt die neue Zahl? ____________________

3. Paul legt an der Millionenstelle seiner zweiten Zahl ein Plättchen dazu. Wie heißt die neue Zahl? ____________________

4. Zerlege die folgenden Zahlen und zeichne die entsprechenden Zahlenplättchen in die leere Stellenwerttafel ein:

Beispiel: 37 512 = 3 ZT + 7 T + 5 H + 1 Z + 2 E

a) 51 534 b) 10 433 000 c) 420 346 201

	HM	ZM	M	HT	ZT	T	H	Z	E
					●●●	●●●●●●●	●●●●●	●	●●
a)									
b)									
c)									

5. Stimmen die folgenden Aussagen? Begründe.

a) Paul behauptet: „Ich kann mit nur einem Plättchen die Zahl 1 000 000 legen.“

____

b) Leni meint: „Die Zahl 1 320 100 kann man mit genau 6 Plättchen legen.“

____

Escher/Schulze/Zucker: Individuell fördern – Mathe 5: Natürliche Zahlen und Grundrechenarten © Auer Verlag GmbH, Donauwörth

4. Zahlenstrahl im Bereich Million

1. Wie heißen die markierten Zahlen? Schreibe sie auf.

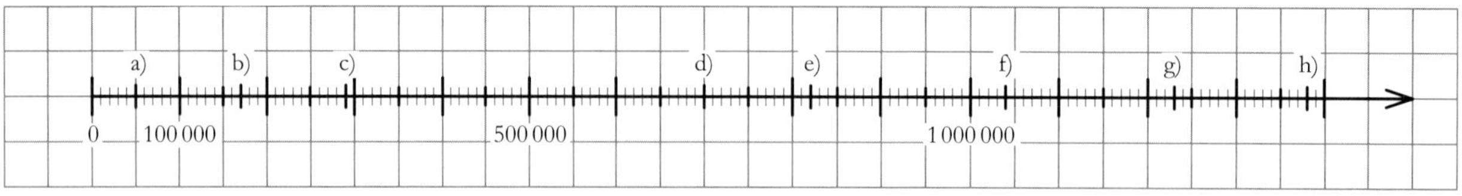

a) ______________ b) ______________ c) ______________
d) ______________ e) ______________ f) ______________
g) ______________ h) ______________

2. Schreibe die unten stehenden Zahlen in Ziffern und markiere sie anschließend auf dem Zahlenstrahl.

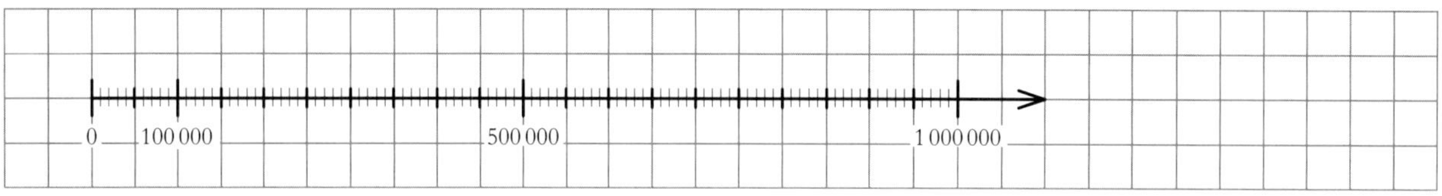

a) 2 ZT ______________ b) 3 ZT + 3 T ______________
c) 4 ZT + 9 T ______________ c) 6 ZT + 2 T ______________
e) 7 ZT + 5 T ______________ f) 9 ZT + 8 T ______________

3. Zeichne den Zahlenstrahlausschnitt weiter und markiere folgende Zahlen:

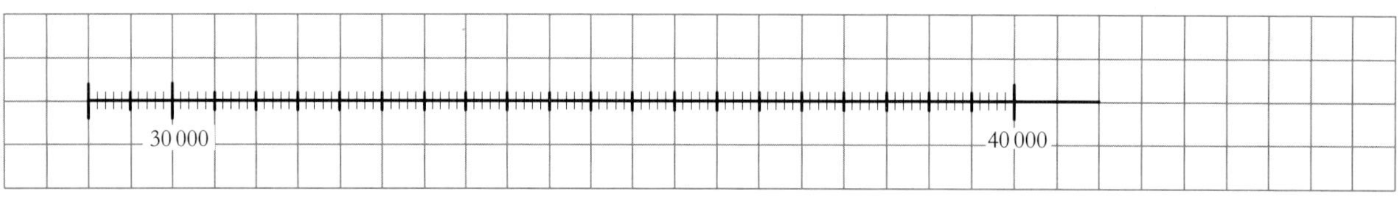

a) 29 000 b) 32 000 c) 33 000 d) 35 500 e) 38 000 f) 41 000 g) 43 000 h) 44 500

4. Schätze, wo folgende Zahlen eingetragen werden können:

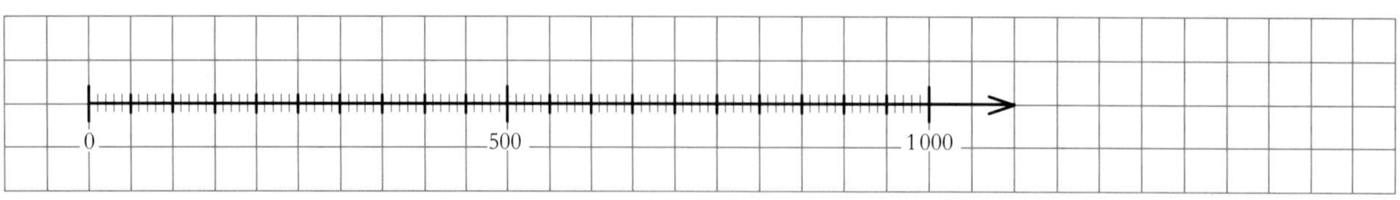

a) 123 b) 291 c) 760 d) 911

Escher/Schulze/Zucker: Individuell fördern – Mathe 5: Natürliche Zahlen und Grundrechenarten © Auer Verlag GmbH, Donauwörth

5. Vermischte Aufgaben im Bereich Million

1. Suche zu den Zahlen, die in Wortform geschrieben sind, jeweils die dazugehörige Ziffernschreibweise. Du hast drei Möglichkeiten zur Auswahl. Die Buchstaben vor den richtigen Lösungen ergeben ein Lösungswort.

Trage es hier ein: ______________________

a) vier Millionen dreihundertvierundfünfzigtausend

V	40 345 000	Z	4 354 000	N	435 400

b) fünfundsiebzig Millionen achthundertzweiundzwanzigtausendsiebenhundertsechs

U	57 822 760	I	75 822 760	A	75 822 706

c) drei Millionen achtundvierzigtausenddreihundertachtundzwanzig

E	3 840 382	H	3 048 328	L	3 843 028

d) siebenhundertneunzig Millionen viertausendeinhundertfünfundneunzig

B	790 495	R	709 041 195	L	790 004 195

2. Ordne die Zahlen der Größe nach, beginne mit der kleinsten Zahl. Verwende das <-Zeichen.

a)	45 786	45 678	54 687	______________________
b)	909 876	908 872	909 783	______________________

3. Zerlege die Zahlen.

Beispiel: $4\,550\,678 = 4 \cdot 1\,000\,000 + 5 \cdot 100\,000 + 5 \cdot 10\,000 + 6 \cdot 100 + 7 \cdot 10 + 8 \cdot 1$

a) 568 054 ______________________

____

b) 1 230 897 ______________________

____

c) 21 006 ______________________

4. Herr Moosrainer legt jährlich ca. 18 000 km mit seinem Auto zurück. Wie viele Kilometer ist er nach fünf und nach sieben Jahren gefahren?

Escher/Schulze/Zucker: Individuell fördern – Mathe 5: Natürliche Zahlen und Grundrechenarten © Auer Verlag GmbH, Donauwörth

6. Stellenwerttafel im Bereich Milliarde

Auf Weltraumreise

Spaceboy und Spacegirl haben in der Weltraumschule viel über die Planeten und Galaxien gelernt. Endlich wollen sie diese einmal aus nächster Nähe betrachten. Auf dem Dachboden von Spaceboys Opa finden sie ein altes Raumschiff namens „Supergalaxy". Nach einigen kleinen Reparaturen steht das 11 783 t schwere Raumschiff zum Start bereit. Zunächst verschaffen sich Spaceboy und Spacegirl einen Überblick über die Entfernungen der Planeten zur Sonne:

Erde: 149 000 000 km
Jupiter: 778 000 000 km
Mars: 228 000 000 km
Merkur: 58 000 000 km
Neptun: 4 496 000 000 km
Pluto: 5 940 000 000 km
Saturn: 1 427 000 000 km
Uranus: 2 870 000 000 km
Venus: 108 000 000 km

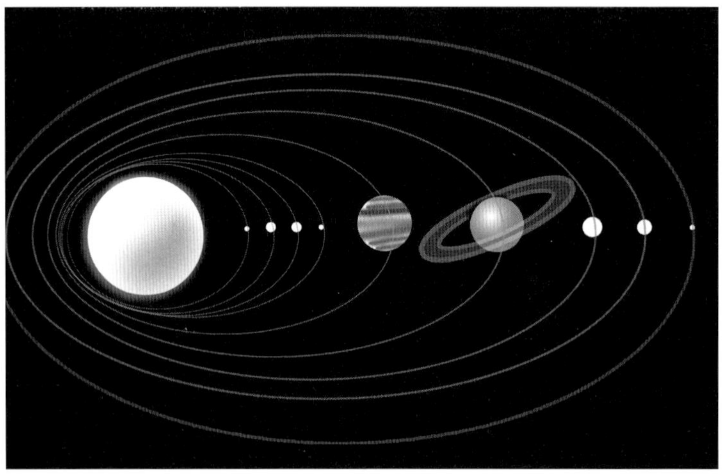

1. Hilf Spaceboy und trage die Entfernungen in die Tabelle ein. Schreibe die Namen der Planeten daneben auf.

HMrd	ZMrd	Mrd	HM	ZM	M	HT	ZT	T	H	Z	E

Escher/Schulze/Zucker: Individuell fördern – Mathe 5: Natürliche Zahlen und Grundrechenarten © Auer Verlag GmbH, Donauwörth

7. Rechnen mit Milliarden

1. Wie heißen die im Zahlenstrahl markierten Zahlen? Schreibe sie auf.

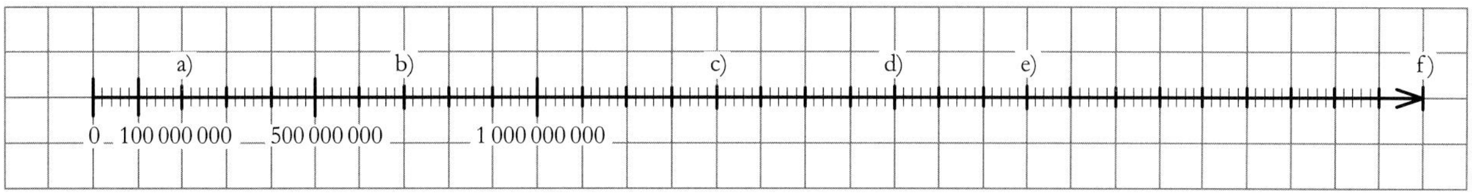

a) ______________ b) ______________ c) ______________

d) ______________ e) ______________ f) ______________

2. Ergänze die fehlenden Zahlen. Die Zahl außen ist die Summe der beiden angrenzenden Zahlen in dem Dreieck.

a) ______________

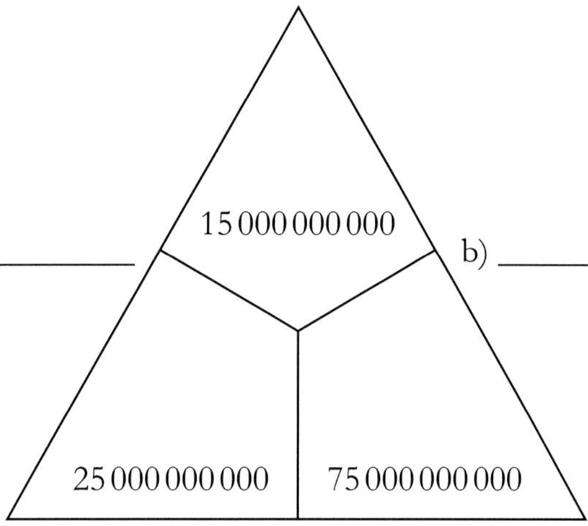

b) ______________

c) ______________

3. Schreibe die Zahlen in Ziffern und markiere sie anschließend auf dem Zahlenstrahl.

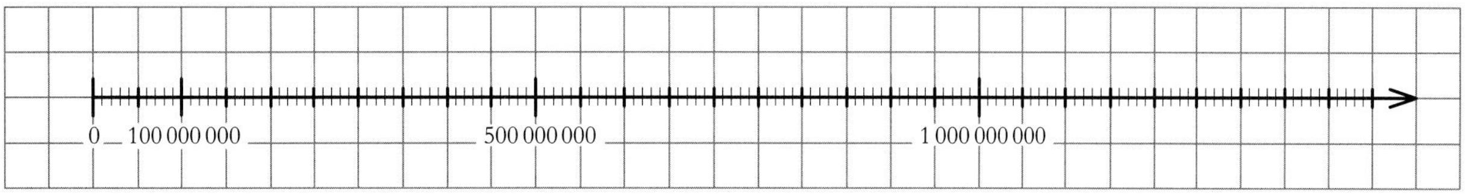

a) 3 HM ______________

b) 6 HM ______________

c) 1 Mrd 2 HM ______________

d) 1 Mrd 4 HM 5 ZM ______________

Escher/Schulze/Zucker: Individuell fördern – Mathe 5: Natürliche Zahlen und Grundrechenarten © Auer Verlag GmbH, Donauwörth

8. Zahlenraum Billionen

1. Lest die Geschichte mit verteilten Rollen.

Das große Treffen der Zahlenmonster

Das Zahlenmonster 348 940 310 012 949 feiert heute seinen Geburtstag. Dazu hat es seine drei besten Freunde zu sich eingeladen.
Das gefräßige Monster 17 342 007 903 444 und das kleine ängstliche Monster 97 432 000 791 sind bereits angekommen und plaudern miteinander.

Zahlenmonster 348 940 310 012 949: „Schön, dass ihr alle gekommen seid. Unser Freund 3 720 412 731 502 wird sich leider etwas verspäten. Den Grund habe ich nicht verstanden. Ihr kennt ihn doch. Er hat wieder einmal viel zu schnell ins Zahlenmonstertelefon gesprochen.“

Zahlenmonster 17 342 007 903 444: „Aber 348 940 310 012 949, du hattest bestimmt auch dein Hörgerät nicht im Ohr. Können wir denn nicht schon mit dem Essen anfangen? Ich habe riesigen Hunger.“

Bevor 348 940 310 012 949 antworten kann, geht die Tür auf und 3 720 412 731 502 kommt herein: „Wisst ihr, wen ich gerade getroffen habe? 486 378 532 313 und 67 548 235 987 kamen mir gerade auf dem Weg zu euch entgegen und erzählten mir eine absolute Neuigkeit.“

„Ja, was denn?“ schreien 17 342 007 903 444, 97 432 000 791 und 348 940 310 012 949 aus einem Mund.

2. Wie könnte die Geschichte weitergehen? Setze sie fort und beachte dabei Folgendes: In deiner Geschichte sollen mindestens fünf verschiedene Zahlen im Millionen- und Billionenbereich vorkommen. Schreibe die Geschichte in deinem Heft weiter.

3. Hier siehst du den Speiseplan des gefräßigen Zahlenmonsters für eine Woche. Wie groß ist die Summe der Zahlen, die es von Anfang der Woche bis zum Samstagabend gefressen hat? Berechne zunächst die Summe für die einzelnen Tage. Arbeite in deinem Heft.

	Montag	Dienstag	Mittwoch	Donnerstag	Freitag	Samstag
morgens	200 000	150 000	530 000	840 000	900 000	319 000
mittags	4 500 000	6 751 000	3 000 000	6 380 000	2 100 000	8 000 000
abends	709 000	458 000	310 000	700 000	560 000	609 000

Escher/Schulze/Zucker: Individuell fördern – Mathe 5: Natürliche Zahlen und Grundrechenarten © Auer Verlag GmbH, Donauwörth

4. Ergänze die Beschriftung der Stellenwerttafel und trage die Zahlen ein.

- 2 409 701 376 909
- 4 B 7 HMrd 6 ZMrd 5 Mrd 9 HM 2 ZM 1 M
- 106 017 500 188
- zwölf Billionen achthundertneunzig Milliarden drei Millionen
- 19 B 96 M 16 T 120 E
- vierhunderteinundneunzig Billionen vier Milliarden einhundertneununddreißig Millionen fünfhundertsiebenundfünfzigtausend

HB	ZB	B	HMrd	ZMrd		HM	ZM	M		ZT	T		Z	

5. Ordne die Zahlen aus Aufgabe 4 in der richtigen Reihenfolge.

__________________ < __________________ <

__________________ < __________________ <

__________________ < __________________

6. Finde den jeweiligen Vorgänger und Nachfolger für die Zahlen der Stellenwerttafel. Erfinde für die beiden letzten Zeilen eigene Zahlen im Billionenbereich.

Vorgänger	Zahl	Nachfolger

Escher/Schulze/Zucker: Individuell fördern – Mathe 5: Natürliche Zahlen und Grundrechenarten © Auer Verlag GmbH, Donauwörth

7. Arbeit mit den Ziffernkärtchen.

a) Schneide die 13 Ziffernkärtchen aus.

b) Arbeite mit deinem Partner. Lege mit den Ziffernkärtchen verschiedene Zahlen und lasse sie deinen Partner vorlesen.

✓ Die **erste Zahl** besteht aus sieben Ziffernkärtchen.

✓ Die **zweite Zahl** besteht aus neun Ziffernkärtchen.

✓ Die **dritte Zahl** besteht aus 13 Ziffernkärtchen.

✓ Die **vierte Zahl** besteht aus zehn Ziffernkärtchen und hat an der Tausenderstelle eine acht.

✓ Die **fünfte Zahl** besteht aus 13 Ziffernkärtchen und hat an der Billionenstelle die höchste Ziffer und an der Millionenstelle die kleinste Ziffer.

Tauscht nun die Rollen. Derjenige, der die Zahlen gelegt hat, liest nun vor.

c) Lege mit allen Ziffernkärtchen die größtmögliche Zahl und schreibe sie auf.

____

d) Lege mit allen Ziffernkärtchen die kleinstmögliche Zahl und schreibe sie auf.

____

e) Lege den Nachfolger von 63 273 452 179 und schreibe die Zahl auf.

____

1	2	3	4	5
6	7	8	9	0
2	3	6		

Escher/Schulze/Zucker: Individuell fördern – Mathe 5: Natürliche Zahlen und Grundrechenarten © Auer Verlag GmbH, Donauwörth

9. Runden

1. Welche Angaben werden häufig gerundet? Kreise mit einem Farbstift ein.

Einwohnerzahlen

Meerestiefen

Hausnummern

Höhe von Türmen

Schuhgrößen

Preis einer DVD

Telefonnummern

Länge eines Wanderweges

Anzahl der Kaugummis in einer Packung

2. Suche dir eine der Angaben aus Aufgabe 1 aus, die nicht gerundet werden darf und erkläre kurz, warum.

____

____

3. Markiere bei allen Aufgaben die Rundungsstelle. Schreibe einen Pfeil nach unten, wenn abgerundet wird und einen Pfeil nach oben, wenn aufgerundet werden muss. Runde anschließend.

Runde auf Hunderter (H).

a) 42 576 ≈ ______________ b) 455 123 ≈ ______________

c) 37 789 ≈ ______________ d) 1 567 961 ≈ ______________

e) 45 123 234 ≈ ______________ f) 123 478 768 ≈ ______________

Runde auf Zehntausender (ZT).

a) 349 485 ≈ ______________ b) 95 836 173 239 ≈ ______________

c) 395 973 283 ≈ ______________ d) 46 346 374 999 ≈ ______________

e) 329 383 290 ≈ ______________ f) 744 236 908 001 ≈ ______________

Runde auf Hundertmillionen (HM).

a) 133 272 587 ≈ ______________ b) 999 345 455 ≈ ______________

c) 537 029 455 ≈ ______________ d) 14 178 545 971 ≈ ______________

e) 874 554 346 ≈ ______________ f) 87 397 385 100 ≈ ______________

Escher/Schulze/Zucker: Individuell fördern – Mathe 5: Natürliche Zahlen und Grundrechenarten © Auer Verlag GmbH, Donauwörth

4. Die Zahl in der mittleren Spalte wurde gerundet. Entscheide, welche gerundete Zahl richtig ist und kreise das entsprechende Ergebnis ein.

	Zahl	
36 000	36 584	37 000
5 450 000	5 459 594	5 460 000
35 485 830	35 485 836	35 485 840
470 000	478 902	480 000
230 000 000	234 224 567	240 000 000
9 140	9 145	9 150
543 665 880	543 665 882	543 665 890

5. Kreise die Zahlen ein, die gerundet **10 000** ergeben.

13 459	99 999	9 999	20 465	5 591
7 897	89 456	15 723	11 687	999

Erkläre an einem Zahlenbeispiel von oben, wie die Zahl gerundet 10 000 ergibt.

____

____

6. Auf welche Stelle wurde beim Runden geachtet? Kreise die Ziffer ein.

Zahl					gerundete Zahl			
T	H	Z	E		T	H	Z	E
5	4	8	9	≈	5	4	9	0
1	9	6	2	≈	1	9	6	0
6	7	3	0	≈	7	0	0	0
2	8	5	3	≈	2	8	5	0
9	8	8	4	≈	9	9	0	0
2	1	4	7	≈	2	1	5	0
9	7	7	5	≈	9	7	8	0

ESCHER/SCHULZE/ZUCKER: INDIVIDUELL FÖRDERN – MATHE 5: NATÜRLICHE ZAHLEN UND GRUNDRECHENARTEN © AUER VERLAG GMBH, DONAUWÖRTH

7. Mark und sein Vater planen eine gemeinsame Radtour um den Bodensee, von Meersburg nach Konstanz. Bevor die Fahrt jedoch losgeht, schauen sich die beiden die Entfernungen an:

Meersburg – 18 km – Friedrichshafen – 27 km – Lindau – 11 km – Bregenz – 21 km – Rheineck – 29 km – Romanshorn – 19 km – Konstanz

Marks Vater überlegt kurz und sagt dann: „Das sind ungefähr 130 km, die wir auf unserem Rad zurücklegen werden.“

a) Wie konnte Marks Vater die Länge der Gesamtstrecke so schnell berechnen?

b) Wie viele Kilometer sind es wirklich? Wie groß ist der Unterschied zu den vom Vater ermittelten 130 km?

c) Wo sind Überschlagsrechnungen im Alltag noch wichtig? Finde Beispiele.

8. Überschlage die angegebenen Rechnungen sinnvoll und berechne anschließend die genauen Werte. Arbeite in deinem Heft.

Beispiel:	Aufgabe:	45 687 + 24 323
	Überschlagsrechnung:	46 000 + 24 000 = 70 000

a) 16 319 + 34 510

b) 403 983 + 79 445

c) 2 481 507 – 724 693

d) 35 666 902 423 – 5 372 273 338

e) 4 507 · 31

f) 400 480 : 80

9. Welche Ziffern könnten das sein? Ergänze sie. Wie viele Möglichkeiten findest du?

5 __ __ ≈ 530

Weitere Möglichkeiten:

Escher/Schulze/Zucker: Individuell fördern – Mathe 5: Natürliche Zahlen und Grundrechenarten © Auer Verlag GmbH, Donauwörth

10. Abschätzen von Anzahlen

1. Wie viele Smileys sind hier abgebildet? Schätze zunächst und zähle dann nach.

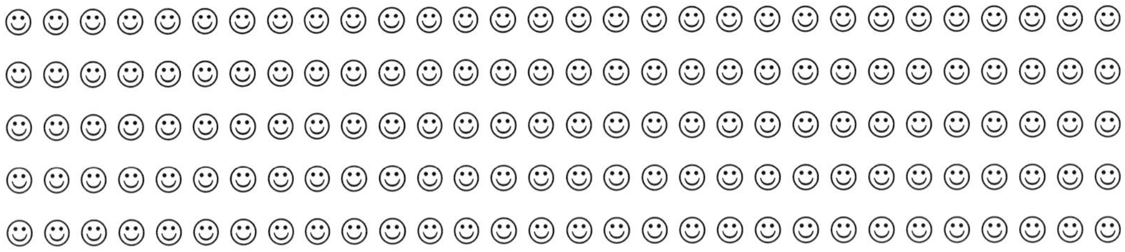

Geschätzte Anzahl: ______________________ Gezählte Anzahl: ______________________

2.

a) Zähle die Punkte im ersten Kästchen und schätze damit die Gesamtzahl der Punkte.

Geschätzte Anzahl:

____

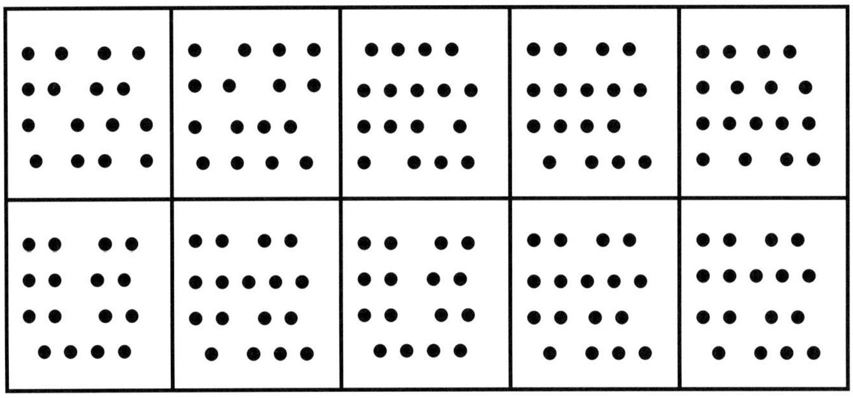

b) Zähle nun nach und vergleiche mit der geschätzten Anzahl. Wie viele Punkte zählst du? Wie groß ist die Differenz zu deiner geschätzten Anzahl?

____

c) Warum wurde die Abbildung mit einem Gitterraster überzogen?

____

3. Wie viele Noten sind zu sehen? Schätze die Anzahl und schreibe deine Vorgehensweise auf.

____

____

____

ESCHER/SCHULZE/ZUCKER: INDIVIDUELL FÖRDERN – MATHE 5: NATÜRLICHE ZAHLEN UND GRUNDRECHENARTEN © AUER VERLAG GMBH, DONAUWÖRTH

11. Schaubilder lesen

1. Hier siehst du ein Balkendiagramm zum Gewicht verschiedener Tiere:

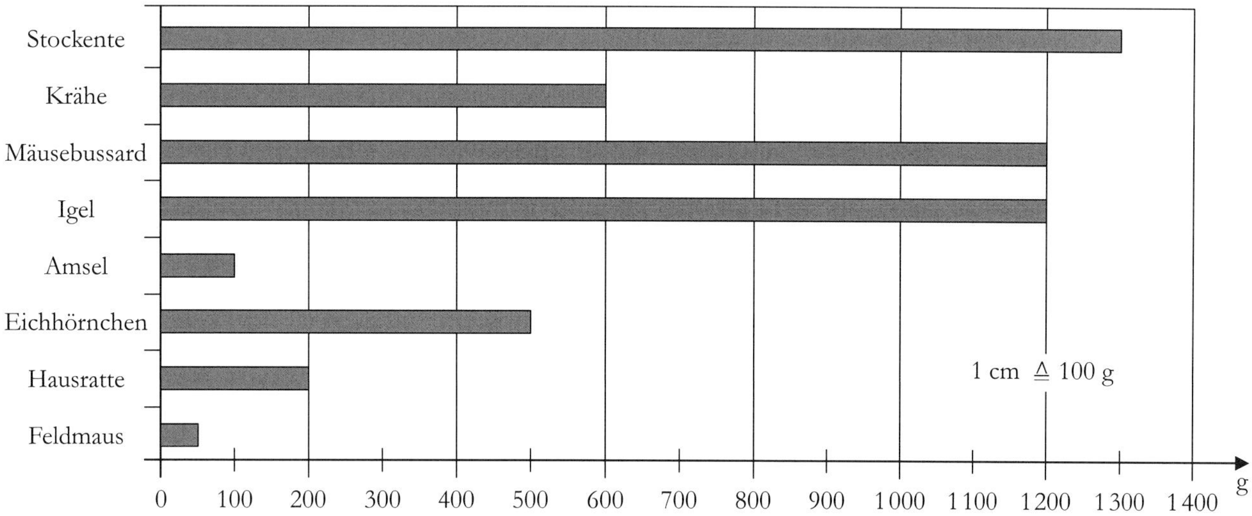

Hier siehst du ein Säulendiagramm zur Größe verschiedener Tiere:

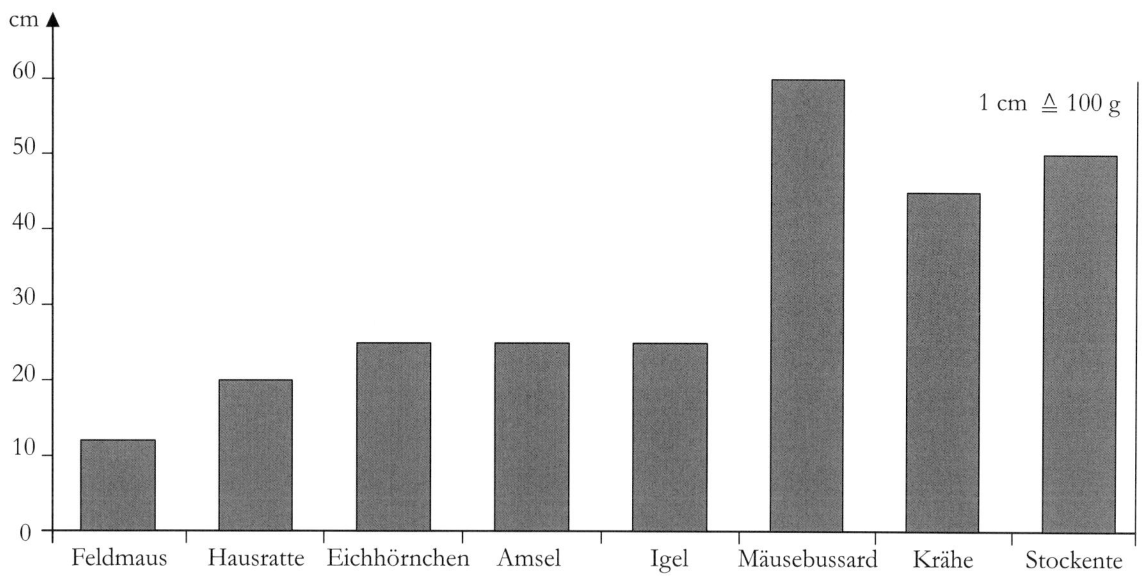

a) Wie schwer sind die Tiere?
Lies ab und trage die Werte in die Tabelle ein.

b) Wie groß sind die Tiere?
Lies ab und trage die Werte in die Tabelle ein.

	Gewicht	Größe
Feldmaus		
Eichhörnchen		
Igel		
Krähe		
Hausratte		
Amsel		
Mäusebussard		
Stockente		

Escher/Schulze/Zucker: Individuell fördern – Mathe 5: Natürliche Zahlen und Grundrechenarten © Auer Verlag GmbH, Donauwörth

12. Schaubilder erstellen

1. Beschrifte mithilfe des Balkendiagramms das Säulendiagramm.

Balkendiagramm

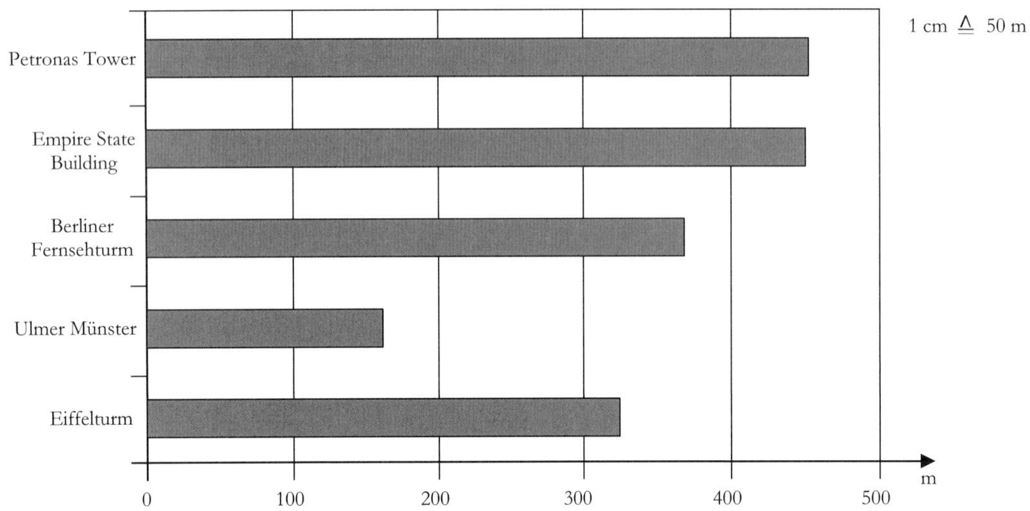

Säulendiagramm

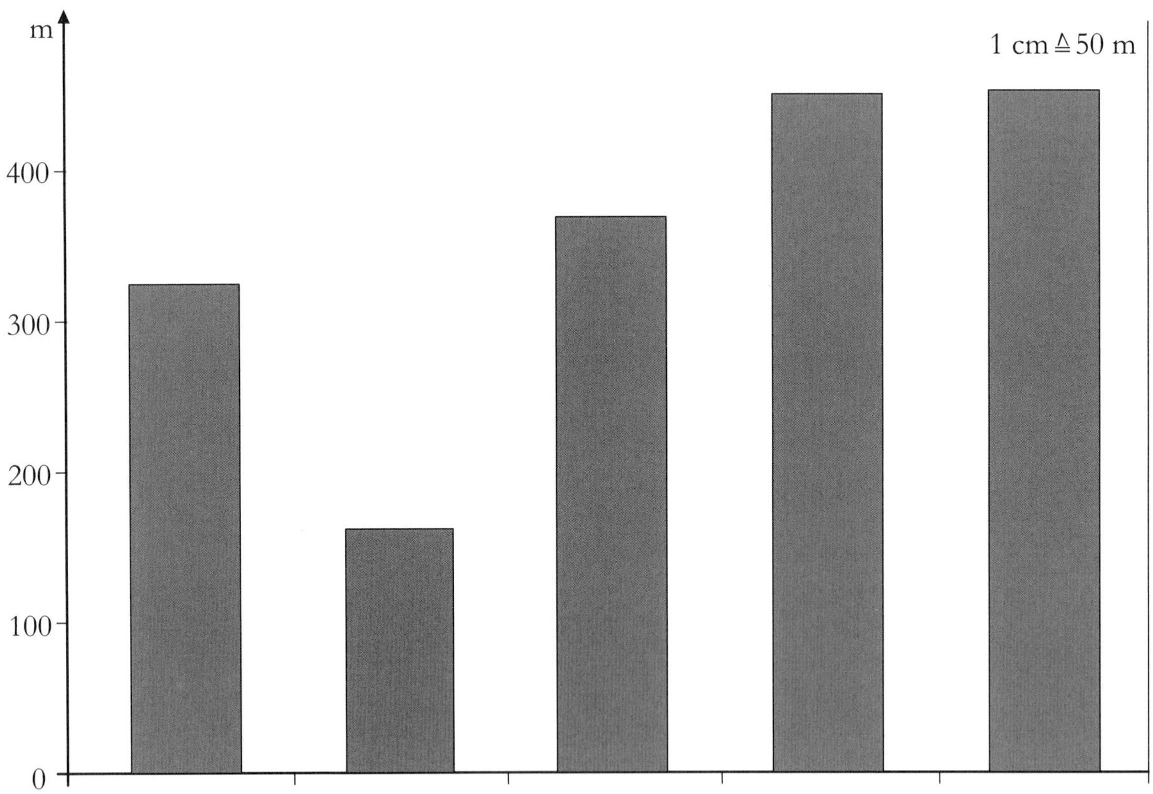

2. Welches Diagramm findest du für die Darstellung von hohen Türmen geeigneter? Begründe deine Antwort.

___

___

___

Escher/Schulze/Zucker: Individuell fördern – Mathe 5: Natürliche Zahlen und Grundrechenarten © Auer Verlag GmbH, Donauwörth

3. Die folgende Tabelle liefert eine Übersicht über die Geschwindigkeiten verschiedener Autos:

VW Golf VI	188 km/h
Ford C-Max	200 km/h
Mercedes C-Klasse	223 km/h

Opel Corsa	168 km/h
BMW Z4	258 km/h
Audi TT	250 km/h

a) Runde die Geschwindigkeiten der Autos auf volle Zehner.

b) Eignet sich für die Darstellung von Geschwindigkeiten von Autos eher ein Säulen- oder ein Balkendiagramm? Begründe deine Entscheidung.

c) Erstelle dein in Aufgabe 3 b) ausgewähltes Schaubild. Arbeite mit den gerundeten Geschwindigkeiten und der Einteilung 1 cm ≙ 20 km/h. Arbeite in deinem Heft.

4. Führe in deiner Klasse verschiedene Umfragen durch und notiere die Ergebnisse. Befrage alle deine Mitschüler. Lege hierzu in deinem Heft oder auf einem Blatt Papier eine Tabelle nach folgendem Muster an:

Name	**Alter**	**Schuhgröße**	**Lieblingsgetränk**	**…**

5. Nimm zwei deiner Umfragethemen aus Aufgabe 4 und erstelle dazu ein Säulendiagramm und ein Balkendiagramm. 1 cm ≙ 10 Schülerinnen/Schülern. Arbeite in deinem Heft.

Escher/Schulze/Zucker: Individuell fördern – Mathe 5: Natürliche Zahlen und Grundrechenarten © Auer Verlag GmbH, Donauwörth

______________________________ ______________________________

Name der Schülerin/des Schülers Beobachtungszeitraum

I. Themenbereich Natürliche Zahlen

Der Schüler kann ...

Kompetenz	Ergebnis			Notizen zu Beobachtungen
	☹	😐	☺	
... Zahlen abschätzen.				
... Zahlen zerlegen.				
... Zahlen runden.				
... Zahlen ordnen.				
... Zahlen in Stellenwertschreibweise lesen.				
... Zahlen in Stellenwertschreibweise darstellen.				
... Schaubilder deuten.				

II. Arbeitsverhalten

1. Interesse (und Motivation)

Der Schüler ...

- ☐ beteiligte sich einsatzfreudig und ausdauernd.
- ☐ beteiligte sich oft einsatzfreudig und ausdauernd.
- ☐ beteiligte sich je nach Interesse (am Unterrichtsgespräch).
- ☐ beteiligte sich kaum.

ESCHER/SCHULZE/ZUCKER: INDIVIDUELL FÖRDERN – MATHE 5: NATÜRLICHE ZAHLEN UND GRUNDRECHENARTEN © AUER VERLAG GMBH, DONAUWÖRTH

2. **Konzentration (und Ausdauer)**

Der Schüler …

- ☐ arbeitete besonders planvoll und konzentriert.
- ☐ arbeitete häufig planvoll und konzentriert.
- ☐ arbeitete selten planvoll und konzentriert.
- ☐ widmete sich nur kurzzeitig einer Sache.

3. **Lern- und Arbeitsweise**

Der Schüler …

- ☐ fand eigene Lösungswege, arbeitete selbstständig und eigenverantwortlich.
- ☐ erprobte eigene Lösungswege, arbeitete in der Regel selbstständig und eigenverantwortlich.
- ☐ erprobte Lösungswege mit Hilfestellung, musste zu selbstständigem und zügigem Arbeiten angehalten werden.
- ☐ schaffte es selbst mit Hilfestellung kaum, Lösungswege zu erproben, arbeitete oberflächlich und fehlerhaft.

III. Sonstige Anmerkungen

____

____

____

____

____

____

____

____

____

____

____

____

____

____

Escher/Schulze/Zucker: Individuell fördern – Mathe 5: Natürliche Zahlen und Grundrechenarten © Auer Verlag GmbH, Donauwörth

____

Name

I. Themenbereich Natürliche Zahlen

Lies dir folgende Aussagen in Ruhe durch. Überlege genau, welche jeweils auf dich zutreffen, und setze ein entsprechendes Kreuzchen unter „Ergebnis".
Wenn du zusätzlich noch etwas vermerken möchtest (z. B. wenn du etwas besonders gut kannst oder etwas noch sehr gut üben solltest), kannst du dies in das Kästchen „Notizen" schreiben.

Ich …

Wissen/Können	**Ergebnis**			**Notizen**
	☹ trifft gar nicht auf mich zu	😐 muss ich noch üben	☺ trifft auf mich zu	
… kann Zahlen abschätzen.				
… kann Zahlen zerlegen.				
… kann Zahlen runden.				
… kann Zahlen ordnen.				
… kann Zahlen in Stellenwertschreibweise richtig lesen.				
… kann Zahlen in Stellenwertschreibweise richtig darstellen.				
… kann Schaubilder deuten.				

II. Arbeitsverhalten

Bei der Beantwortung der folgenden Fragen sollst du selbst einschätzen, wie du im Unterricht arbeitest. Lies dir deshalb alle Antworten in Ruhe durch und entscheide dich dann für diejenige, die am besten auf dich zutrifft.

Escher/Schulze/Zucker: Individuell fördern – Mathe 5: Natürliche Zahlen und Grundrechenarten © Auer Verlag GmbH, Donauwörth

1. **Interesse (und Motivation)**

   Am Unterricht beteilige ich mich …

   - ☐ häufig und während der ganzen Schulstunde.
   - ☐ während der ganzen Schulstunde immer mal wieder.
   - ☐ immer dann, wenn mich das Thema interessiert.
   - ☐ eher selten oder gar nicht.

2. **Konzentration (und Ausdauer)**

   Wenn es Aufgaben zu bearbeiten gibt, dann …

   - ☐ erledige ich diese immer konzentriert und schnell.
   - ☐ bemühe ich mich darum, diese möglichst schnell und konzentriert zu bearbeiten.
   - ☐ bin ich nicht immer bei der Sache und schweife manchmal ab.
   - ☐ bin ich immer nur kurz oder gar nicht bei der Sache.

3. **Lern- und Arbeitsweise**

   Wenn es darum geht, knifflige Aufgaben selbstständig zu lösen, …

   - ☐ bin ich immer bei der Sache und komme meistens schnell zu einer richtigen Lösung.
   - ☐ komme ich meistens von allein auf die richtigen Lösungen und brauche nur selten Hilfestellung vom Lehrer.
   - ☐ schaffe ich das mit einiger Hilfe durch den Lehrer meistens ganz gut.
   - ☐ fällt mir das sehr schwer und ich brauche oft viele Hilfestellungen und viel Zeit, um zu einem richtigen Ergebnis zu kommen.

III. Zusammenfassung

Hier kannst du für dich noch einmal zusammenfassen, was du gut kannst, wo du Probleme hast und was du besser noch einmal üben solltest.

1. **Was kann ich gut?**

____

____

2. **Was finde ich schwierig?**

____

____

3. **Was muss ich noch mal üben?**

____

____

Escher/Schulze/Zucker: Individuell fördern – Mathe 5: Natürliche Zahlen und Grundrechenarten © Auer Verlag GmbH, Donauwörth

1. Arbeit mit der Stellenwerttafel im Bereich Million

1. Beschrifte die Stellenwerttafel und trage die folgenden Zahlen ein:

a) 67 586 243
b) 451 010
c) 234 764 539
d) 7 815 372
e) 243 589 999
f) 67 597 246
g) 515 097

Millionen			Tausender					
						H	Z	E

2. Ordne die eingetragenen Zahlen aus Aufgabe 1 der Größe nach. Beginne mit der kleinsten Zahl. Verwende das <-Zeichen.

3. Gib jeweils den Vorgänger und den Nachfolger der Zahlen aus Aufgabe 1 an. Arbeite in deinem Heft und schreibe wie im Beispiel: **567 783** < 567 784 < **567 785**

4. Wie heißen die Zahlen? Schreibe sie auf.

a) 4 HT 7 ZT 6 T 3 H 2 Z 5 E ______________________

b) 2 ZM 4 M 4 H 2 Z 4 E ______________________

c) 5 HM 7 ZM 7 M 2 HT 4 ZT 9 T ______________________

d) 6 ZM 9 HT 9 H ______________________

e) 4 HM 7 ZT 3 E ______________________

Escher/Schulze/Zucker: Individuell fördern – Mathe 5: Natürliche Zahlen und Grundrechenarten © Auer Verlag GmbH, Donauwörth

2. Zahlbeziehungen im Bereich Million

1. Schreibe jeweils den unmittelbaren Vorgänger und Nachfolger auf.

	1 998 999	
	88 800	
	6 785 393	

	909 999	
	4 005 000	
	230 709	

2. Ordne die folgenden Zahlen der Größe nach. Beginne mit der kleinsten Zahl und verwende <. Arbeite in deinem Heft.

3 003 030	3 030 003	3 300 030	3 000 303	3 030 000	3 330 300

3. Zwischen 2 345 und 2 381 liegen vier **Zehnerzahlen**: 2 3**50**, 2 3**60**, 2 3**70**, 2 3**80**

a) Wie viele Zehnerzahlen liegen zwischen 470 332 und 470 407? Notiere sie in deinem Heft.

b) Wie viele Hunderterzahlen liegen zwischen 1 456 890 und 1 457 500? Notiere sie in deinem Heft.

4. Gib drei weitere Zahlen der Zahlenfolge an. Wie lautet die Rechenvorschrift?

a) 35 096; 35 071; 35 097; 35 070; 35 098; ____________; ____________; ____________

Rechenvorschrift: ____

b) 5 020; 2 510; 10 040; 5 020; 20 080; ____________; ____________; ____________

Rechenvorschrift: ____

5. Verknüpfe die beiden Zahlen mit +, –, ·, : und = wie im Beispiel. Finde zu jeder Aufgabe mindestens zwei Möglichkeiten.

Beispiel: **3 / 60** **3** · 20 = **60** **60** – 57 = **3**

a) 7 / 56 ____

b) 9 / 126 ____

Escher/Schulze/Zucker: Individuell fördern – Mathe 5: Natürliche Zahlen und Grundrechenarten © Auer Verlag GmbH, Donauwörth

3. Zahlen zerlegen im Bereich Million

1. Leni und Paul legen mit Plättchen jeweils zwei Zahlen in der Stellenwerttafel. Wie heißen die Zahlen? Schreibe sie in der Ziffernschreibweise auf die Zeilen unter der Tabelle.

		HM	ZM	M	HT	ZT	T	H	Z	E
LENI	a)	●●	●●	●●	●●●	●●●	●●●	●●●●● ●●●●	●	●●●●
	b)	●	●●●●● ●●●●	●	●●	●●●	●●●●●	●	●●●●● ●●●	
PAUL	c)	●●●			●			●	●●	
	d)		●●●●●							

a) ______________________ b) ______________________

c) ______________________ d) ______________________

2. Leni nimmt an der Tausenderstelle ihrer ersten Zahl drei Plättchen weg. Wie heißt die neue Zahl? ______________________

3. Paul legt an der Millionenstelle seiner zweiten Zahl ein Plättchen dazu. Wie heißt die neue Zahl? ______________________

4. In eine leere Stellentafel sollen 5 Plättchen gelegt werden.

	HM	ZM	M	HT	ZT	T	H	Z	E
a)									
b)									

a) Zeichne die zwei kleinsten Zahlen ein, die mit 5 Plättchen in dieser Stellenwerttafel gelegt werden können. Wie heißen sie?

______________________ ______________________

b) Zeichne die zwei größten Zahlen ein, die mit 5 Plättchen in dieser Stellenwerttafel gelegt werden können. Wie heißen sie?

______________________ ______________________

Escher/Schulze/Zucker: Individuell fördern – Mathe 5: Natürliche Zahlen und Grundrechenarten © Auer Verlag GmbH, Donauwörth

4. Zahlenstrahl im Bereich Million

1. Wie heißen die markierten Zahlen? Schreibe sie auf.

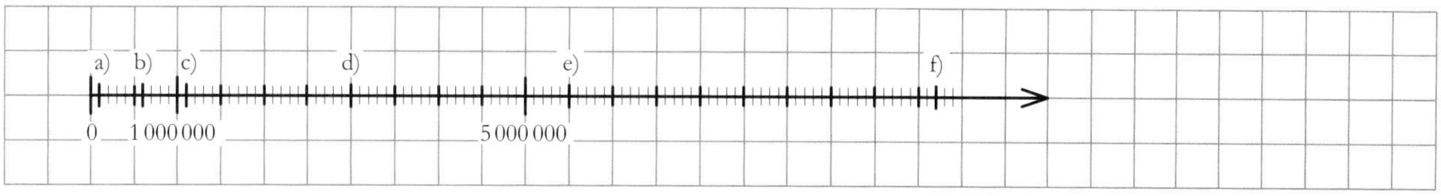

a) ____________ b) ____________ c) ____________

d) ____________ e) ____________ f) ____________

2. Zeichne den Zahlenstrahlausschnitt weiter und markiere folgende Zahlen:

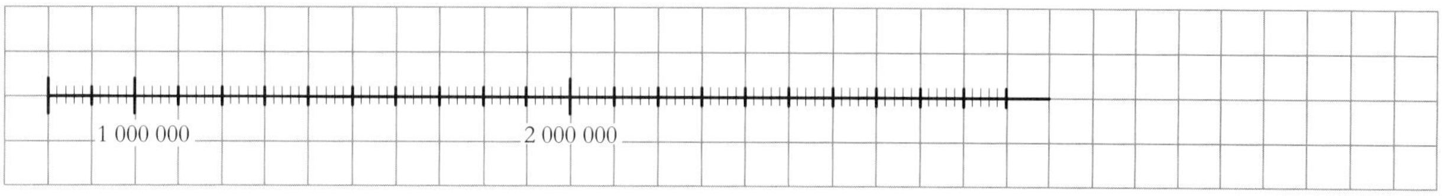

a) 1 200 000 b) 1 900 000 c) 2 300 000 d) 3 400 000 e) 3 700 000 f) 4 000 000

3. Die Klasse 5b durchläuft im Sportunterricht einen Trimm-dich-Pfad, der drei Kilometer lang ist. In regelmäßigen Abständen befinden sich insgesamt 15 Übungsstationen (Ü1–Ü15).

a) Welche Übungen könnten das sein? Notiere vier Beispiele in deinem Heft.

b) Nach wie vielen Metern kommt jeweils eine Station?

c) Markiere die einzelnen Übungsstationen an einem 15 cm langen Zahlenstrahl. Arbeite in deinem Heft.

4. Schätze, wo folgende Zahlen eingetragen werden können.

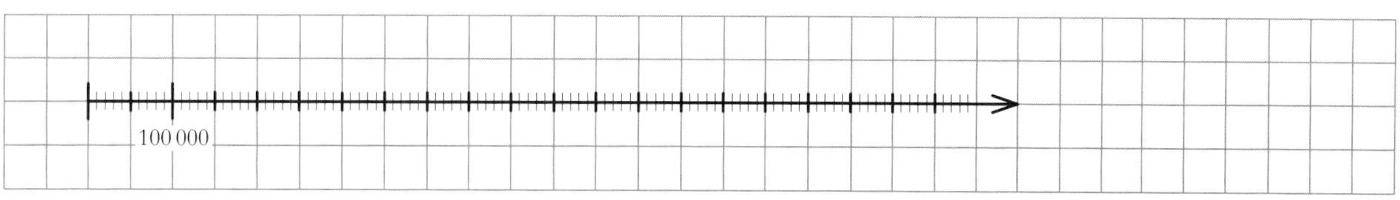

a) 120 789 b) 384 500 c) 851 492 d) 945 124

Escher/Schulze/Zucker: Individuell fördern – Mathe 5: Natürliche Zahlen und Grundrechenarten © Auer Verlag GmbH, Donauwörth

5. Vermischte Aufgaben im Bereich Million

1. Suche jeweils die dazugehörige Ziffernschreibweise. Die Buchstaben der richtigen Zahlen ergeben ein Lösungswort.

Trage es hier ein: ______________________

a) vier Millionen dreihundertvierundfünfzigtausend

Z	40 345 000	V	4 354 000	N	435 400

b) fünfundsiebzig Millionen achthundertzweiundzwanzigtausendsiebenhundertsechs

U	57 822 760	A	75 822 760	I	75 822 706

c) drei Millionen achtundvierzigtausenddreihundertachtundzwanzig

E	3 048 328	H	3 480 238	L	3 048 382

d) fünfzehn Millionen zweihundertvierzehntausenddreiundzwanzig

L	15 241 023	R	15 214 023	L	15 124 032

2. Wie heißen die gekennzeichneten Zahlen? Schreibe sie der Größe nach auf.

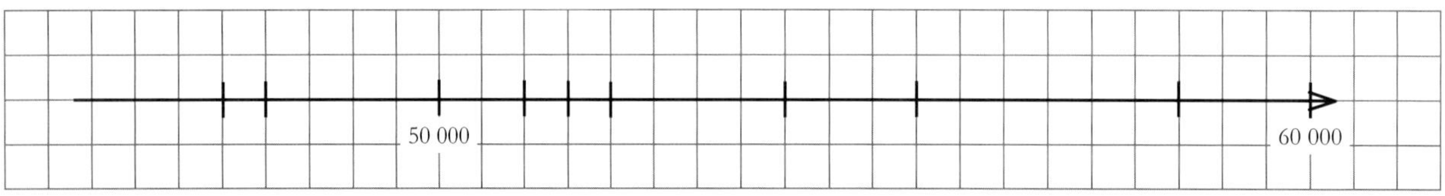

____

____

3. Zerlege die Zahlen.

Beispiel: 3 440 678 = 3 · 1 000 000 + 4 · 100 000 + 4 · 10 000 + 6 · 100 + 7 · 10 + 8 · 1

a) 408 504

____

b) 7 689 301

____

4. Störche finden im Winter bei uns keine Nahrung und fliegen deshalb ungefähr 7 000 km weit nach Afrika. Wie viele Kilometer hat ein Storch zurückgelegt, der achtmal in Afrika überwintert hat?

Escher/Schulze/Zucker: Individuell fördern – Mathe 5: Natürliche Zahlen und Grundrechenarten © Auer Verlag GmbH, Donauwörth

6. Stellenwerttafel im Bereich Milliarde

Auf Weltraumreise

Spaceboy und Spacegirl haben in der Weltraumschule viel über die Planeten und Galaxien gelernt. Endlich wollen sie diese einmal aus nächster Nähe betrachten. Auf dem Dachboden von Spaceboys Opa finden sie ein altes Raumschiff namens „Supergalaxy". Nach einigen kleinen Reparaturen steht das 11 783 t schwere Raumschiff zum Start bereit.

Erde: 149 000 000 km
Jupiter: 778 000 000 km
Mars: 228 000 000 km
Merkur: 58 000 000 km
Neptun: 4 496 000 000 km
Pluto: 5 940 000 000 km
Saturn: 1 427 000 000 km
Uranus: 2 870 000 000 km
Venus: 108 000 000 km

Bevor die beiden loslegen, verschaffen sie sich noch einen Überblick über die einzelnen Entfernungen der Planeten zur Sonne. Spaceboy studiert die Karte.

1. Hilf Spaceboy und trage die Entfernungen in die Tabelle ein. Vergiss nicht, die Beschriftung der Stellenwerttafel zu ergänzen.

						Tausender					

Spaceboy fragt Spacegirl: „Welche Planeten sind denn der Sonne am nächsten?"

Escher/Schulze/Zucker: Individuell fördern – Mathe 5: Natürliche Zahlen und Grundrechenarten © Auer Verlag GmbH, Donauwörth

2. Hilf Spacegirl und ordne die Entfernungen der Planeten der Größe nach. Beginne mit der kleinsten Entfernung zur Sonne. Verwende das <-Zeichen. Arbeite im Heft.

3. Endlich sind die beiden startklar. Sie begeben sich auf ihre kleine Reise durch das Weltall. „Spacegirl, wie viele Kilometer werden wir auf unserer Reise zurücklegen, wenn wir von der Erde zur Sonne und von der Sonne zu dem Planeten fliegen, der am weitesten von der Sonne entfernt ist?“ Hilf Spacegirl und berechne im Heft.

4. Der Kilometerstand des Raumschiffes zeigt 4 645 000 000 km an. Die beiden haben sich doch ein anderes Ziel ausgesucht. Welche Route sind sie geflogen? Ergänze den Routenplan und begründe deine Lösung. Arbeite in deinem Heft.

Routenplan: ⟶ ____________________ ⟶ Sonne ⟶ ____________________

5. Spaceboy nimmt seinen 3 kg schweren Hund namens Spacedog mit auf die Reise. Formuliere mindestens zwei passende Rechenfragen und berechne im Heft.

6. Cape Canaveral ist ein bekanntes Raketenstartgelände in Florida. Dort gibt es auch ein Besucherzentrum für Touristen, die sich für die Geschichte der US-Raumfahrt interessieren. In einem IMAX-Kino kann die Mondlandung hautnah miterlebt werden. Auf dem Außengelände sind viele verschiedene Raketen und Weltraumgefährte ausgestellt. Etwa 1,5 Millionen Touristen kommen pro Jahr in das Besucherzentrum. Wie viele Touristen haben das Besucherzentrum in den letzten fünf Jahren besucht? Arbeite im Heft.

7. Das folgende Bild zeigt eine Rakete aus dem Apollo-Programm der siebziger Jahre, die auf dem Außengelände ausgestellt ist. Wie lang ist diese Rakete von den Triebwerken bis zur Kommandokapsel ungefähr? Begründe dein Ergebnis. Arbeite im Heft.

ESCHER/SCHULZE/ZUCKER: INDIVIDUELL FÖRDERN – MATHE 5: NATÜRLICHE ZAHLEN UND GRUNDRECHENARTEN © AUER VERLAG GMBH, DONAUWÖRTH

7. Rechnen mit Milliarden

1. Ergänze zur Milliarde. Schreibe wie im Beispiel.

Beispiel: 375 000 000 + 625 000 000 = 1 000 000 000

a) 778 000 000 ______

b) 556 500 000 ______

c) 649 200 001 ______

d) 333 333 000 ______

2. Teile eine Milliarde und schreibe als Rechnung auf.

a) in 2 Teile ______

b) in 5 Teile ______

c) in 8 Teile ______

3. Die Summe zweier nebeneinanderstehenden Zahlen ergibt immer die Zahl darüber. Welche Zahlen fehlen? Rechne im Kopf und ergänze die Zahlen der Pyramide.

380 000 000			105 000 000	
	245 000 000	125 000 000		95 000 000

4. Lies an dem folgenden Zahlenstrahl ab, wie die markierten Zahlen heißen.

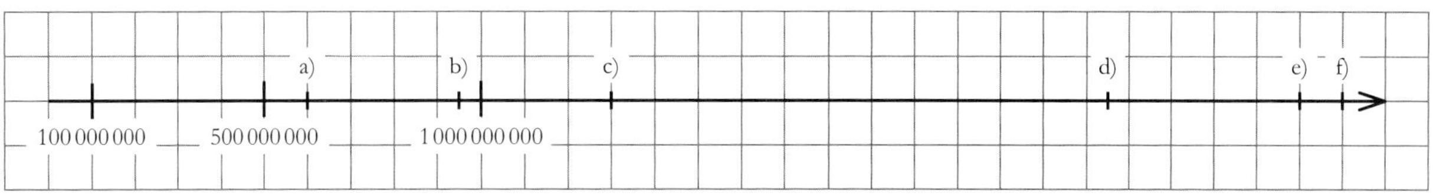

a) ______ b) ______ c) ______

d) ______ e) ______ f) ______

Escher/Schulze/Zucker: Individuell fördern – Mathe 5: Natürliche Zahlen und Grundrechenarten © Auer Verlag GmbH, Donauwörth

8. Zahlenraum Billionen

1. Heute Nachmittag fand das gefräßige Zahlenmonster 17 342 007 903 444 eine Postkarte von seinem Freund, dem kleinen ängstlichen Monster 97 432 000 791.
   Lest die Karte laut vor.

Liebes Monster 17 342 007 903 444! Viele Grüße von unserem Kurztrip. Du wunderst dich bestimmt, dass ich für ein paar Tage verreist bin. Eigentlich bin ich doch lieber zu Hause, bei meinen 412 567 702 153 Zahlenbüchern und meinem kleinen Hamster namens vier Billionen neunhundertachtunddreißig Millionen siebenhundertfünfzehntausend. Doch unser Freund 3 720 412 731 502 hat so lange auf mich eingeredet, bis ich ihn begleitet habe. Nun sitzen wir am Strand und ich habe natürlich schon alles um mich herum gezählt. Du glaubst es gar nicht, aber es gibt hier 536 324 902 359 kleine Muscheln, neunhunderteinundneunzig Millionen vierhundertzweiunddreißigtausendneunhundertneunzig Glitzersteine und 71 990 542 631 Sonnenstrahlen. Ich zähle nun wieder weiter! Bis bald Dein Freund, das Zahlenmonster 97 432 000 791	An das Zahlenmonster 17 342 007 903 444 Rechenstraße 476 187 453 523 658 900 Zahlendorf

2. Schreibe alle Zahlen, die auf der Postkarte stehen, in dein Heft. Schreibe die Zahlen, die in Ziffernschreibweise geschrieben wurden, in Worten und umgekehrt.

3. Auch das gefräßige Zahlenmonster 17 342 007 903 444 ist nun verreist und schickt einem seiner Freunde eine Postkarte. Was könnte es schreiben? Schreibe den Text der Postkarte in dein Heft.

Escher/Schulze/Zucker: Individuell fördern – Mathe 5: Natürliche Zahlen und Grundrechenarten © Auer Verlag GmbH, Donauwörth

4. Ergänze die Beschriftung der Stellenwerttafel und trage die Zahlen ein.

- 734 345 796 362 295
- fünf Milliarden siebenhundertneunundachtzig Millionen elf
- 4 B 354 Mrd 450 M 333 T 3 H 4 Z 2 E
- 465 869 917 823 648
- zwei Milliarden zwölf Millionen vierzigtausenddreiundsechzig
- 5 ZB 3 B 7 ZM 6 T 9 E
- 4 HMrd 7 HM
- vier Billionen dreihunderteinundzwanzig Milliarden achthundertsieben Millionen fünfhundertsiebenundsechzigtausend

HB		B		ZMrd		HM	ZM	M		ZT	T		Z	

5. Ordne die Zahlen aus Aufgabe 4 im Heft in der richtigen Reihenfolge. Verwende das <-Zeichen.

6. Finde für die Zahlen der Stellenwerttafel jeweils den Vorgänger und den Nachfolger.

Vorgänger	Zahl	Nachfolger

Escher/Schulze/Zucker: Individuell fördern – Mathe 5: Natürliche Zahlen und Grundrechenarten © Auer Verlag GmbH, Donauwörth

7. Schneide die 15 Ziffernkärtchen auf der folgenden Seite aus. Lege dann mit den Ziffern Zahlen. Achtung: Es müssen immer alle Ziffern verwendet werden.

a) Lege die größte mögliche Zahl. ____________________

b) Lege die kleinste mögliche Zahl. ____________________

c) Subtrahiere die kleinstmögliche Zahl von der größtmöglichen Zahl.

d) Lege sieben verschiedene Zahlen, die an der Billionenstelle eine Acht, an der Hunderttausenderstelle eine Neun und an der Einerstelle eine Vier haben. Schreibe die Zahlen auf.

e) Ordne die Zahlen von d) der Reihe nach. Beginne mit der kleinsten. Verwende das <-Zeichen.

1	2	3	4	5
6	7	8	9	0
2	3	6	7	8

Escher/Schulze/Zucker: Individuell fördern – Mathe 5: Natürliche Zahlen und Grundrechenarten © Auer Verlag GmbH, Donauwörth

9. Runden

1. Welche Angaben dürfen gerundet werden? Kreuze an und begründe deine Entscheidung. Es sind unterschiedliche Lösungen möglich.

- ☐ Alter einer Person
- ☐ Preise von Lebensmitteln
- ☐ Postleitzahlen
- ☐ Schuhgrößen
- ☐ Einwohnerzahlen

Finde zwei eigene Beispiele für Angaben, die gerundet werden dürfen.

2. Runde folgende Zahlen:

293 848 721 809	988 183 327 965	123 909 932 047
775 293 847 392	87 223 849 273	443 518 375 034

a) auf Hunderttausender

b) auf Millionen

c) auf Zehnmilliarden

3. Welche Zahlen sind rot, gelb, blau oder grün?
Kreise die Zahlen wie angegeben ein. Die Buchstaben in den übrig gebliebenen Kästchen ergeben ein Lösungswort.

- ergibt gerundet 400 000: rot
- ergibt gerundet 500 000: gelb
- ergibt gerundet 700 000: blau
- ergibt gerundet 800 000: grün

637 498 C	547 472 G	377 485 S	937 274 T
729 283 B	804 376 F	254 273 I	357 846 K
463 957 U	330 382 E	856 263 T	738 344 O
304 821 L	826 740 W	823 186 C	493 142 J
339 273 F	927 462 H	142 552 S	224 773 A
938 294 R	536 293 L	348 832 E	563 625 N
378 299 Q	425 274 P	625 283 N	889 882 H

Lösungswort: __ __ __ __ __ __ __ __ __ __ __ __ __ __ __

Escher/Schulze/Zucker: Individuell fördern – Mathe 5: Natürliche Zahlen und Grundrechenarten © Auer Verlag GmbH, Donauwörth

4. Wie viele sind es mindestens und wie viele höchstens?

a) Eine Hauptschule hat ungefähr 900 Schüler. (gerundet auf Hunderter)

mindestens ________________ Schüler höchstens ________________ Schüler

b) Bei einem Fußballspiel sind ca. 40 000 Zuschauer. (gerundet auf Zehntausender)

mindestens ________________ Zuschauer höchstens ________________ Zuschauer

c) Pluto ist 6 000 000 000 km von der Sonne entfernt. (gerundet auf Milliarden)

mindestens ________________ km höchstens ________________ km

5. Arbeite im Heft: Tessa und ihre Mutter gehen einkaufen. Sie haben 40 Euro im Geldbeutel und wollen folgende Waren kaufen:

1 Karton Eier	zu	1,29 Euro
3 x Milch	zu je	0,89 Euro
6 x Joghurt	zu je	0,49 Euro
Wurst	zu	9,75 Euro
Käse	zu	4,66 Euro
Obst	zu	2,56 Euro
Gemüse	zu	3,22 Euro
2 Kisten Wasser	zu je	4,99 Euro

Als die beiden an der Kasse anstehen, rechnet Tessas Mutter die Einkäufe zusammen und behauptet: „Wir müssen ungefähr 38 Euro bezahlen!"

a) Wie konnte Tessas Mutter den ungefähren Endbetrag so schnell feststellen?

b) Wie viel muss die Mutter wirklich bezahlen und wie groß ist der Unterschied zu den 37 Euro?

c) Warum ist es wichtig, Überschlagsrechnungen beim Einkaufen durchzuführen?

6. Arbeite im Heft: Überschlage die angegebenen Rechnungen sinnvoll und rechne sie anschließend genau aus.

Beispiel: Aufgabe: 640 682 + 454 621

Überschlagsrechnung: 640 000 + 450 000 = 1 090 000

a) 749 274 + 983 546

b) 32 303 448 : 783

7. Welche Ziffern könnten das sein? Ergänze sie. Wie viele Möglichkeiten findest du?

6 __ __ 477 ≈ 650 000

ESCHER/SCHULZE/ZUCKER: INDIVIDUELL FÖRDERN – MATHE 5: NATÜRLICHE ZAHLEN UND GRUNDRECHENARTEN © AUER VERLAG GMBH, DONAUWÖRTH

10. Abschätzen von Anzahlen

1. Wie viele geometrische Figuren sind zu sehen? Schätze die Anzahl und zähle anschließend die genaue Anzahl nach.

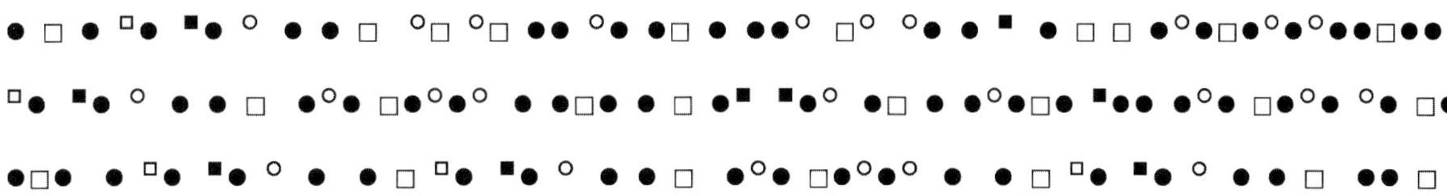

Geschätzte Anzahl: ______________________ Gezählte Anzahl: ______________________

2.

a) Überziehe die Abbildung mit einem Gitterraster. Warum ist ein Gitterraster eine sinnvolle Hilfe? Begründe in deinem Heft.

b) Schätze die abgebildete Anzahl der Tiere: ____

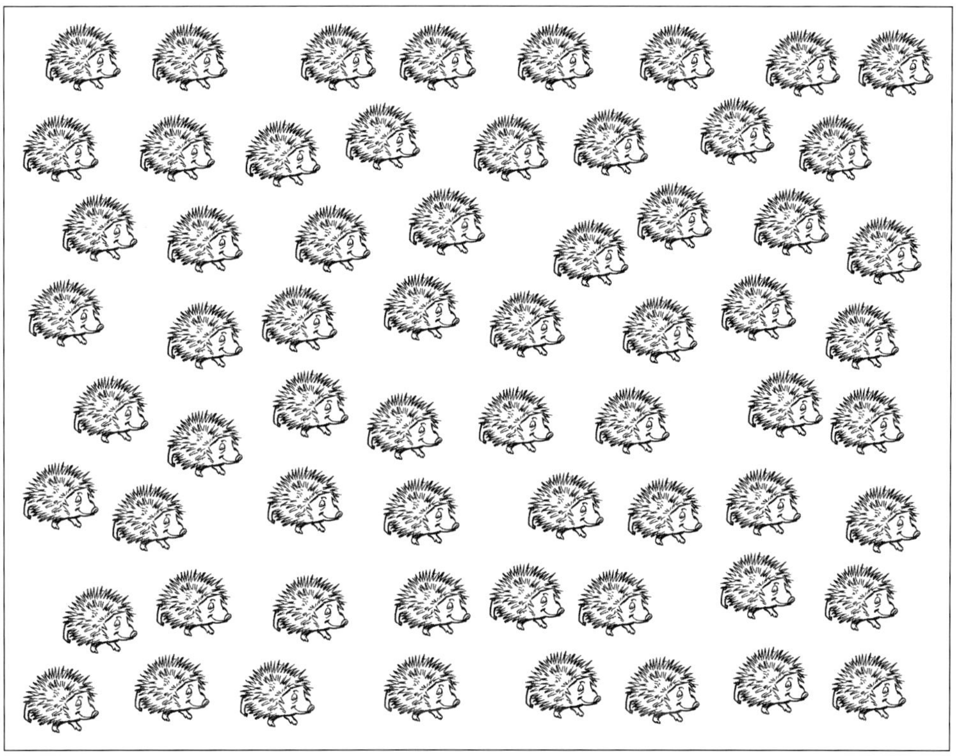

3. Tim soll bei seiner Mathematikhausaufgabe die Anzahl der Blüten auf folgendem Bild schätzen.

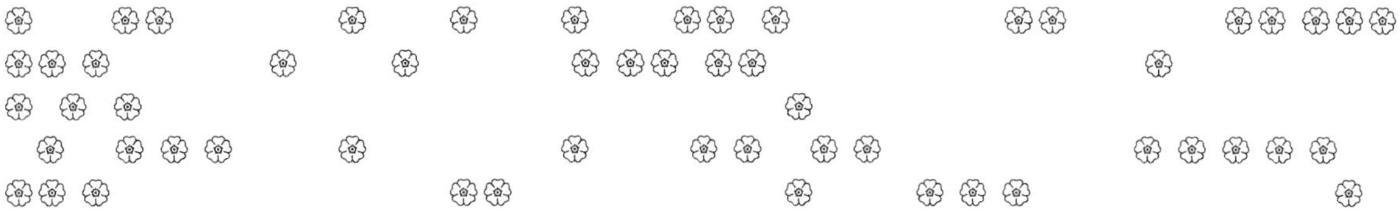

a) Tim überlegt, ob er ein Gitterraster zur Hilfe einzeichnen soll. Ist das bei diesem Bild sinnvoll? Begründe deine Antwort im Heft.

b) Schätze selbst die Anzahl der Blüten. Wie bist du vorgegangen? Arbeite im Heft.

Escher/Schulze/Zucker: Individuell fördern – Mathe 5: Natürliche Zahlen und Grundrechenarten © Auer Verlag GmbH, Donauwörth

11. Schaubilder lesen

1. Hier siehst du ein Balkendiagramm zu den Fluggeschwindigkeiten verschiedener Vögel.

a) Lies die Fluggeschwindigkeiten ab und trage die Werte in die Tabelle ein.

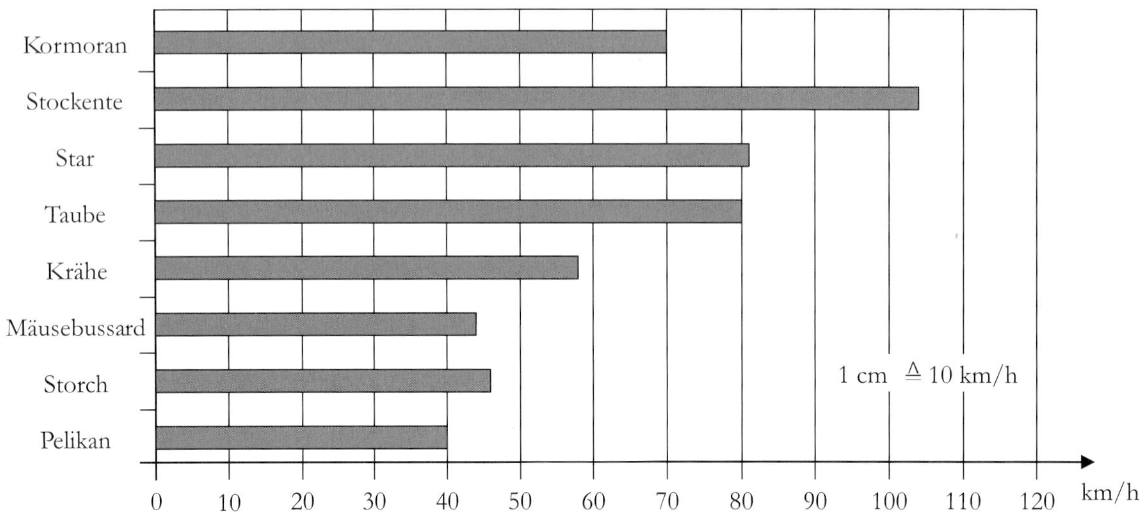

Kormoran		Stockente	
Star		Taube	
Krähe		Mäusebussard	
Storch		Pelikan	

b) Berechne, wie weit die Tiere in einer halben Stunde/Viertelstunde fliegen können. (Achtung: Wenn sich keine genauen Ergebnisse ermitteln lassen, dann schreibe „ca.“.)

Escher/Schulze/Zucker: Individuell fördern – Mathe 5: Natürliche Zahlen und Grundrechenarten © Auer Verlag GmbH, Donauwörth

12. Schaubilder erstellen

1. In diesem Säulendiagramm sind bekannte Gipfel der Allgäuer Alpen dargestellt.

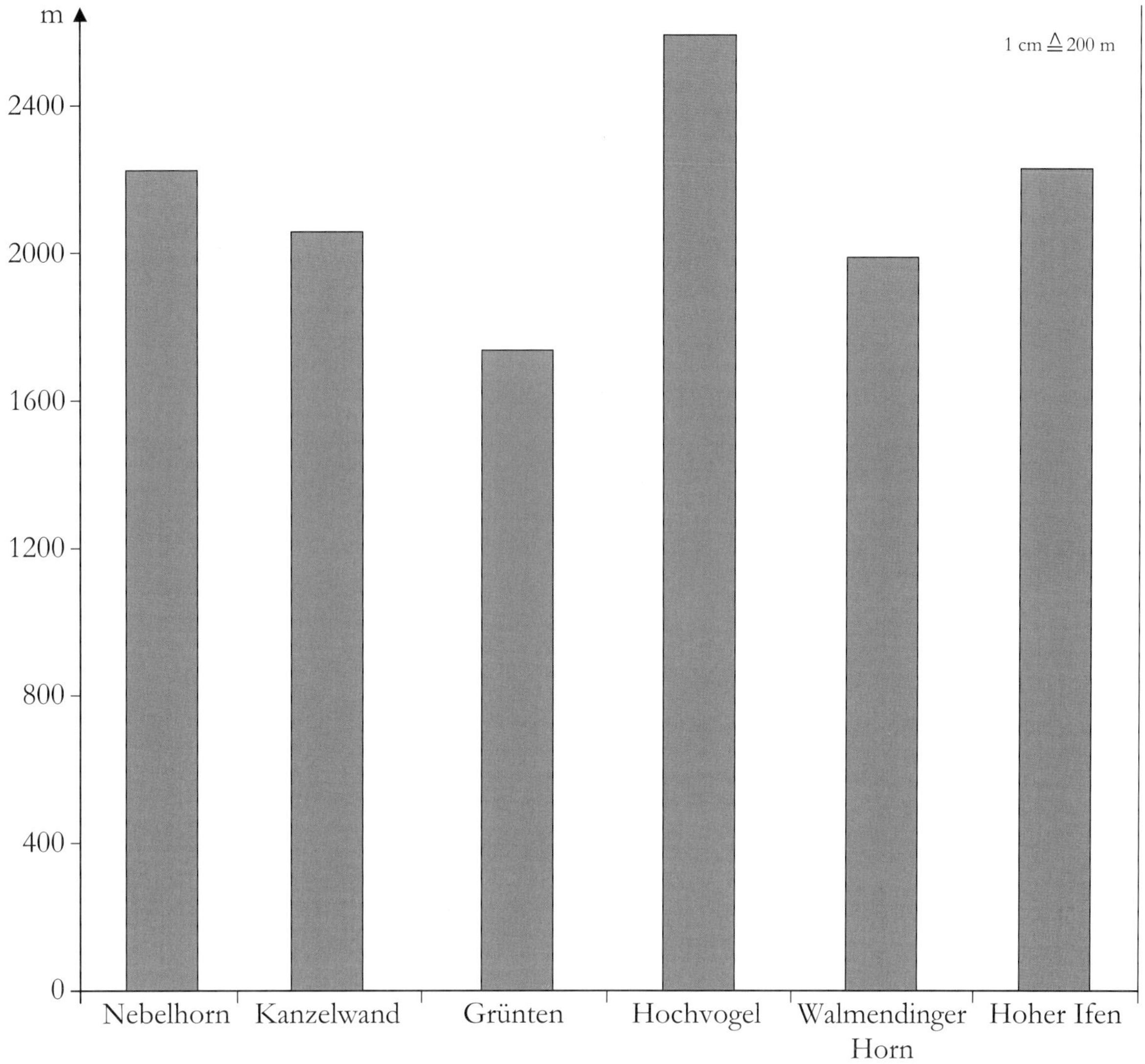

a) Wie hoch sind die Gipfel ungefähr? Lies ab und trage in die Tabelle ein.

Gipfel	Höhe	Gipfel	Höhe

b) Warum ist für die Darstellung von Gipfeln ein Säulendiagramm geeigneter als ein Balkendiagramm? Begründe deine Antwort.

____

____

____

Escher/Schulze/Zucker: Individuell fördern – Mathe 5: Natürliche Zahlen und Grundrechenarten © Auer Verlag GmbH, Donauwörth

2. Die hier aufgeführten Flüsse fließen durch Bayern.

Fluss	Länge	Fluss	Länge
Altmühl	220 km	Wertach	150,9 km
Iller	147 km	Isar	295 km
Lech	264 km	Inn	517 km

a) Welche Art von Schaubild (Säulen- oder Balkendiagramm) findest du für die Darstellung der Länge von Flüssen geeigneter? Begründe deine Entscheidung.

___

___

b) Fertige das Schaubild an, für das du dich bei a) entschieden hast.
Runde vorher die Länge der Flüsse auf volle Zehner (1 cm ≙ 100 km).

3. Führe in deiner Klasse verschiedene Umfragen zu selbstgewählten Themen durch und notiere die Ergebnisse. Befrage alle deine Mitschüler. Lege hierzu in deinem Heft oder auf einem Blatt Papier eine Tabelle nach folgendem Muster an:

Name				

4. Erstelle zu zwei von deinen Umfragen aus Aufgabe 3 ein Säulendiagramm und ein Balkendiagramm in deinem Heft. 1 cm ≙ 10 Schülerinnen/Schüler

Escher/Schulze/Zucker: Individuell fördern – Mathe 5: Natürliche Zahlen und Grundrechenarten © Auer Verlag GmbH, Donauwörth

_______________________ Name der Schülerin/des Schülers

_______________________ Beobachtungszeitraum

I. Themenbereich Natürliche Zahlen

Der Schüler kann …

Kompetenz	Ergebnis ☹	Ergebnis 😐	Ergebnis ☺	Notizen zu Beobachtungen
… Zahlen abschätzen.				
… Zahlen zerlegen.				
… Zahlen runden.				
… Zahlen ordnen.				
… Zahlen in Stellenwertschreibweise lesen.				
… Zahlen in Stellenwertschreibweise darstellen.				
… Schaubilder deuten.				
… Schaubilder erstellen.				

II. Arbeitsverhalten

1. Interesse (und Motivation)

Der Schüler …

- ☐ beteiligte sich einsatzfreudig und ausdauernd.
- ☐ beteiligte sich oft einsatzfreudig und ausdauernd.
- ☐ beteiligte sich je nach Interesse (am Unterrichtsgespräch).
- ☐ beteiligte sich kaum.

Escher/Schulze/Zucker: Individuell fördern – Mathe 5: Natürliche Zahlen und Grundrechenarten © Auer Verlag GmbH, Donauwörth

2. Konzentration (und Ausdauer)

Der Schüler …

- ☐ arbeitete besonders planvoll und konzentriert.
- ☐ arbeitete häufig planvoll und konzentriert.
- ☐ arbeitete selten planvoll und konzentriert.
- ☐ widmete sich nur kurzzeitig einer Sache.

3. Lern- und Arbeitsweise

Der Schüler …

- ☐ fand eigene Lösungswege, arbeitete selbstständig und eigenverantwortlich.
- ☐ erprobte eigene Lösungswege, arbeitete in der Regel selbstständig und eigenverantwortlich.
- ☐ erprobte Lösungswege mit Hilfestellung, musste zu selbstständigem und zügigem Arbeiten angehalten werden.
- ☐ schaffte es selbst mit Hilfestellung kaum, Lösungswege zu erproben, arbeitete oberflächlich und fehlerhaft.

III. Sonstige Anmerkungen

____

____

____

____

____

____

____

____

____

____

____

____

____

____

Escher/Schulze/Zucker: Individuell fördern – Mathe 5: Natürliche Zahlen und Grundrechenarten © Auer Verlag GmbH, Donauwörth

____

Name

I. Themenbereich Natürliche Zahlen

Lies dir folgende Aussagen in Ruhe durch. Überlege genau, welche jeweils auf dich zutreffen, und setze ein entsprechendes Kreuzchen unter „Ergebnis“.
Wenn du zusätzlich noch etwas vermerken möchtest (z. B. wenn du etwas besonders gut kannst oder etwas noch sehr gut üben solltest), kannst du dies in das Kästchen „Notizen“ schreiben.

Ich …

Wissen/Können	Ergebnis			Notizen
	☹ trifft gar nicht auf mich zu	😐 muss ich noch üben	☺ trifft auf mich zu	
… kann Zahlen abschätzen.				
… kann Zahlen zerlegen.				
… kann Zahlen runden.				
… kann Zahlen ordnen.				
… kann Zahlen in Stellenwertschreibweise richtig lesen.				
… kann Zahlen in Stellenwertschreibweise richtig darstellen.				
… kann Schaubilder deuten.				
… kann Schaubilder erstellen.				

II. Arbeitsverhalten

Bei der Beantwortung der folgenden Fragen sollst du selbst einschätzen, wie du im Unterricht arbeitest. Lies dir deshalb alle Antworten in Ruhe durch und entscheide dich dann für diejenige, die am besten auf dich zutrifft.

Escher/Schulze/Zucker: Individuell fördern – Mathe 5: Natürliche Zahlen und Grundrechenarten © Auer Verlag GmbH, Donauwörth

1. **Interesse (und Motivation)**

   Am Unterricht beteilige ich mich …

   ☐ häufig und während der ganzen Schulstunde.

   ☐ während der ganzen Schulstunde immer mal wieder.

   ☐ immer dann, wenn mich das Thema interessiert.

   ☐ eher selten oder gar nicht.

2. **Konzentration (und Ausdauer)**

   Wenn es Aufgaben zu bearbeiten gibt, dann …

   ☐ erledige ich diese immer konzentriert und schnell.

   ☐ bemühe ich mich darum, diese möglichst schnell und konzentriert zu bearbeiten.

   ☐ bin ich nicht immer bei der Sache und schweife manchmal ab.

   ☐ bin ich immer nur kurz oder gar nicht bei der Sache.

3. **Lern- und Arbeitsweise**

   Wenn es darum geht, knifflige Aufgaben selbstständig zu lösen, …

   ☐ bin ich immer bei der Sache und komme meistens schnell zu einer richtigen Lösung.

   ☐ komme ich meistens von allein auf die richtigen Lösungen und brauche nur selten Hilfestellung vom Lehrer.

   ☐ schaffe ich das mit einiger Hilfe durch den Lehrer meistens ganz gut.

   ☐ fällt mir das sehr schwer und ich brauche oft viele Hilfestellungen und viel Zeit, um zu einem richtigen Ergebnis zu kommen.

III. Zusammenfassung

Hier kannst du für dich noch einmal zusammenfassen, was du gut kannst, wo du Probleme hast und was du besser noch einmal üben solltest.

1. **Was kann ich gut?**

   ____

   ____

2. **Was finde ich schwierig?**

   ____

   ____

3. **Was muss ich noch mal üben?**

   ____

   ____

Escher/Schulze/Zucker: Individuell fördern – Mathe 5: Natürliche Zahlen und Grundrechenarten © Auer Verlag GmbH, Donauwörth

1. Arbeit mit der Stellenwerttafel im Bereich Million

1. Beschrifte die Stellenwerttafel und trage die folgenden Zahlen ein:

a) 1 635 613
b) 478 127 999
c) 9 980 980
d) 293 756 184
e) 99 809 980

Millionen			Tausender					
						H	Z	E

2. Ordne die eingetragenen Zahlen der Größe nach. Beginne mit der kleinsten Zahl. Verwende das <-Zeichen. Arbeite im Heft.

3. Gib jeweils den Vorgänger und den Nachfolger der einzelnen Zahlen mit dem <-Zeichen an. Arbeite im Heft.

4. Wie heißen die Zahlen? Schreibe sie auf.

a) 3 HT 5 ZT 8 T 3 H 5 E ______

b) 5 HM 6 ZM 9 M 7 HT 4 ZT 9 T ______

c) 7 ZM 8 HT 1 H ______

d) 2 ZT 5 Z 4 HM 3 E ______

5. Erfinde in deinem Heft mindestens drei Additonsaufgaben, die wie folgt aufgebaut sind, und schreibe sie auf.

1. Summand (4-stellig), 2. Summand (5-stellig),
3. Summand (6-stellig), Ergebnis: 1 070 613

6. Wahr oder falsch? Begründe.

a) Die kleinste sechsstellige Zahl hat sechs Nullen. ______

______

b) Es gibt eine achtstellige Zahl, deren Vorgänger siebenstellig ist. ______

______

Escher/Schulze/Zucker: Individuell fördern – Mathe 5: Natürliche Zahlen und Grundrechenarten © Auer Verlag GmbH, Donauwörth

2. ZAHLBEZIEHUNGEN IM BEREICH MILLION

1. Schreibe jeweils den unmittelbaren Vorgänger und Nachfolger auf.

	456 000	
	539 899	
	3 999 899	

	5 956 795	
	4 778 909	
	365 510	

2. Ordne die folgenden Zahlen der Größe nach. Beginne mit der kleinsten Zahl und arbeite in deinem Heft.

6 030 457   6 030 547   6 003 456   6 300 475   6 030 656   6 330 754

3. Gib drei weitere Zahlen der Zahlenfolge an. Wie lautet die Rechenvorschrift?

a) 368; 1 104; 552; 1 656; 828; ____________; ____________; ____________

Rechenvorschrift: ____

b) 2 746; 2 748; 8 244; 8 248; 41 240 ____________; ____________; ____________

Rechenvorschrift: ____

4. Die Quersumme von 459 ist 4 + 5 + 9 = 18.

a) Schreibe alle zweistelligen Zahlen mit der Quersumme 8 in dein Heft. Ordne sie der Größe nach.

b) Prüfe: 2 M 396 T hat die Quersumme 20. Wie heißt die kleinste, wie die größte siebenstellige Zahl mit der Quersumme 20? Schreibe sie in dein Heft.

5. Verknüpfe die beiden Zahlen mit +, –, ·, :, = wie im Beispiel. Finde zu jeder Aufgabe mindestens zwei Möglichkeiten.

Beispiel: **3 / 120**   **3** · 40 = **120**   **120** – 117 = **3**

a) 3 / 612 ____

b) 11 / 132 ____

c) 25 / 475 ____

ESCHER/SCHULZE/ZUCKER: INDIVIDUELL FÖRDERN – MATHE 5: NATÜRLICHE ZAHLEN UND GRUNDRECHENARTEN © AUER VERLAG GMBH, DONAUWÖRTH

3. Zahlen zerlegen im Bereich Million

1. Leni und Paul legen mit Plättchen Zahlen in der Stellenwerttafel. Wie heißen die Zahlen? Schreibe sie in der Ziffernschreibweise auf die Zeilen unter der Tabelle.

		HM	ZM	M	HT	ZT	T	H	Z	E
LENI	a)	●		●			●●●			
	b)	●●	●●●	●	●●	●●●	●●●●●	●	●●●●● ●●●	
PAUL	c)	●●●			●			●●●●●	●●	
	d)		●●●●●			●●●●● ●●		●●●	●●	●●●●● ●●●●●

a) ______________________ b) ______________________

c) ______________________ d) ______________________

2. Leni nimmt an der Tausenderstelle ihrer zweiten Zahl ein Plättchen weg und legt es zur Millionenstelle. Wie heißt die neue Zahl? Schreibe auch die Rechnung dazu auf.

3. Paul legt an der Millionenstelle und an der Hunderterstelle seiner ersten Zahl ein Plättchen dazu. Wie heißt die neue Zahl? Schreibe auch die Rechnung dazu auf.

4.

a) Zeichne die kleinste Zahl in die Stellenwerttafel, die größer ist als zehn Millionen. Wie heißt sie?

____

b) Zeichne die drei größten Zahlen ein, die mit 7 Plättchen in dieser Stellenwerttafel gelegt werden können. Wie heißen sie?

______________ ______________ ______________

	HM	ZM	M	HT	ZT	T	H	Z	E
a)									
b)									

Escher/Schulze/Zucker: Individuell fördern – Mathe 5: Natürliche Zahlen und Grundrechenarten © Auer Verlag GmbH, Donauwörth

4. Zahlenstrahl im Bereich Million

1. Wie heißen die markierten Zahlen? Schreibe sie auf.

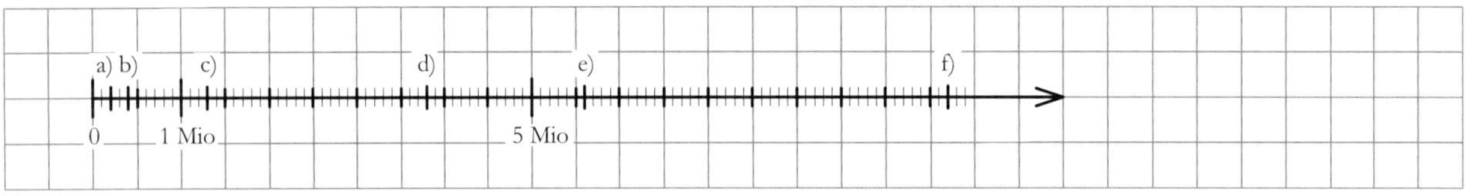

a) ______________ b) ______________ c) ______________

d) ______________ e) ______________ f) ______________

2. In Babenhausen wird der alte, drei Kilometer lange Trimm-dich-Pfad neu gestaltet. Die neue Strecke wird um die Hälfte verlängert. Nach jeweils 250 m soll eine Übungsstation aufgestellt werden.

a) Wie lang ist die neue Strecke? Gib sie in Metern an.

____

b) Wie viele Übungsstationen können aufgestellt werden?

____

c) Stelle den Trimm-dich-Pfad mit seinen einzelnen Stationen als Zahlenstrahl dar. Wähle eine geeignete Einheit.

3. Zeichne einen Zahlenstrahl bis 12 000 (1 cm für 1 000). Schätze, wo folgende Zahlen eingetragen werden können.

a) 2 741 b) 5 210 c) 8 514 d) 9 451

Escher/Schulze/Zucker: Individuell fördern – Mathe 5: Natürliche Zahlen und Grundrechenarten © Auer Verlag GmbH, Donauwörth

5. Vermischte Aufgaben im Bereich Million

1. Schreibe in der Ziffernschreibweise.

a) vier Millionen dreihundertvierundfünfzigtausend ______________________________

b) dreiundvierzig Millionen achthundertsechsundzwanzigtausenddreihundertsiebzehn

____

c) elf Millionen neununddreißigtausendsiebenhunderteinundneunzig

____

2. Ordne folgende Zahlen, beginne mit der kleinsten Zahl. Verwende das <-Zeichen.

55 743 894	557 745	5 534 843	55 473 984	7 559 999	5 499 999	565 579

____

____

3. Wie heißen die gekennzeichneten Zahlen? Schreibe sie der Größe nach auf.

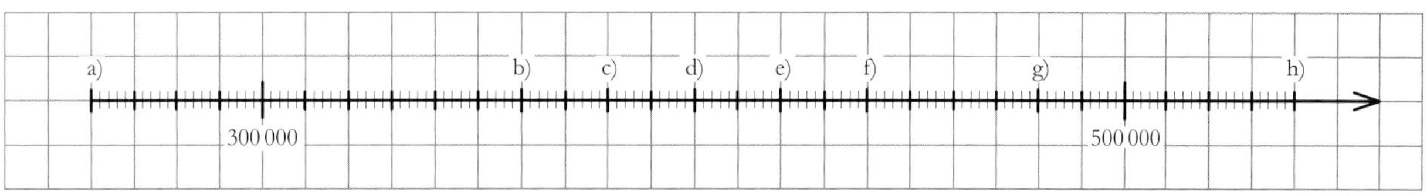

____

____

4. Suche die Rechenregel und ergänze die Zahlenfolge.

4 800 000; 400 000; 2 400 000; 200 000; 1 200 000; ______________ ;

______________ ; ______________ ; ______________ ; ______________

Rechenvorschrift: ______________________________

5. Storchenweibchen legen im Frühjahr drei bis fünf weiße Eier. Jedes Ei wiegt etwa 112 Gramm. Ein geschlüpftes Junges hat ein Gewicht von gerade mal 70 Gramm. Da es einen ungeheuren Appetit hat, nimmt es pro Tag 60 Gramm zu. Wie viel wiegt ein 35 Tage alter Jungstorch?

Escher/Schulze/Zucker: Individuell fördern – Mathe 5: Natürliche Zahlen und Grundrechenarten © Auer Verlag GmbH, Donauwörth

6. Stellenwerttafel im Bereich Milliarde

Die Erde ist ein kugelförmiger Planet, der zusammen mit Merkur, Venus, Mars, Jupiter, Saturn, Uranus, Neptun und Pluto die Sonne umkreist. Dafür benötigt die Erde 365 Tage und sechs Stunden. Zudem dreht sich die Erde in 24 Stunden einmal um ihre eigene Achse (Erdrotation). Die Erde ist circa 149 Millionen Kilometer von der Sonne entfernt und legt auf ihrer Reise um die Sonne 940 Millionen Kilometer zurück.

1. Wie viele Sekunden benötigt die Erde für eine Umdrehung um ihre eigene Achse?

2. Wie oft hat sich die Erde seit deiner Geburt um sich selbst gedreht?

3. Du nimmst am 21.12.2042 an einem Flug ins Weltall teil. Nach 912 Tagen kommst du zurück. Welche Kleidung musst du bei deiner Ankunft tragen, damit du in die Jahreszeit passt?

Escher/Schulze/Zucker: Individuell fördern – Mathe 5: Natürliche Zahlen und Grundrechenarten © Auer Verlag GmbH, Donauwörth

4. Die Summe zweier nebeneinanderstehender Zahlen ergibt immer die Zahl darüber.

a) Welche Zahlen fehlen? Rechne im Kopf.

580 000 000			777 000 000	
	7 000 000	9 500 000	125 000 000	

b) Die Zielzahl ist 9 999 999 999. Ergänze die Zahlen. Jede Zahl darf nur einmal vorkommen.

9 999 999 999				

5. Rechne wie im Beispiel und notiere die Ergebnisse.

55 000 000 $\xrightarrow{\cdot 10}$ 550 000 000 $\xrightarrow{:2}$ 275 000 000

a) 9 340 000 000 ____________________

b) 6 890 000 000 ____________________

c) 1 758 300 000 ____________________

Escher/Schulze/Zucker: Individuell fördern – Mathe 5: Natürliche Zahlen und Grundrechenarten © Auer Verlag GmbH, Donauwörth

7. Rechnen mit Milliarden

1. Zeichne einen Zahlenstrahl auf Millimeterpapier und trage die unten stehenden Zahlen ein. Wähle eine geeignete Längeneinheit.

a) 100 000 000	b) 120 000 000	c) 370 000 000	d) 555 000 000
e) 690 000 000	f) 700 000 000	g) 820 000 000	h) 1 000 000 000

2. Ergänze die Zahlenpyramide. Rechne im Kopf.

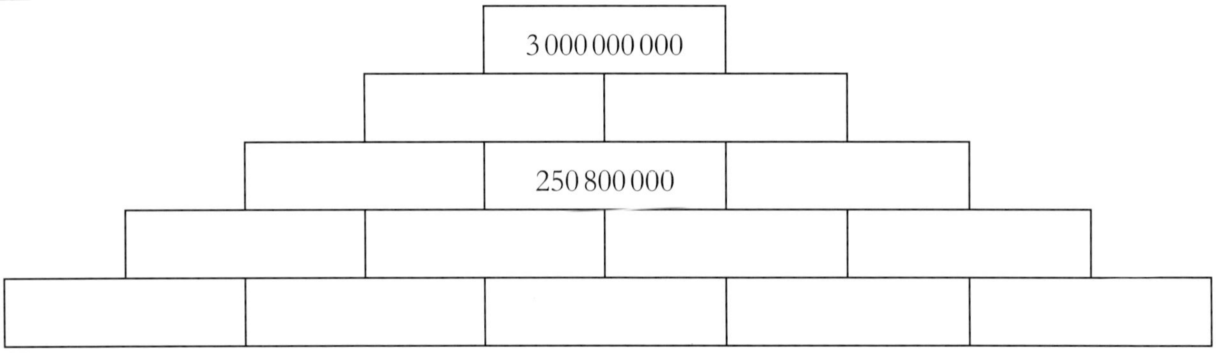

3. Wie heißen die Stufenzahlen?

3 428 934 012	45 367 000 745	369 485 079 444	7 856 707 953

a) Schreibe zu jeder Zahl die nächsthöhere Zehnerzahl.
3 428 934 020, ______

b) Schreibe zu jeder Zahl die nächsthöhere Hunderttausenderzahl.

______

______

c) Schreibe zu jeder Zahl die nächsthöhere Millionenzahl.

______

______

d) Schreibe zu jeder Zahl die nächsthöhere Milliardenzahl.

______

______

Escher/Schulze/Zucker: Individuell fördern – Mathe 5: Natürliche Zahlen und Grundrechenarten © Auer Verlag GmbH, Donauwörth

8. Zahlenraum Billionen

1. Lest den Text laut vor.

Das Zahlenmonster 3 720 412 731 502 hat heute seine Freunde zum Essen eingeladen. Nicht nur das Zahlenmonster 348 940 310 012 949 hat sofort zugesagt, auch das gefräßige Zahlenmonster 17 342 007 903 444 und das kleine ängstliche Monster 97 432 000 791 freuen sich auf den gemeinsamen Abend.

Für das Abendessen hat das Zahlenmonster 3 720 412 731 502 schon ein passendes Rezept herausgesucht:

<u>Zahleneintopf</u>

Für 2 Zahlenmonster

598 268 310 484 Rechenzeichen

7 452 901 560 Größerzeichen

13 875 109 367 Kleinerzeichen

25 873 256 901 Bruchstriche

490 398 134 Ist-gleich-Zeichen

2. Das Zahlenmonster 3 720 412 731 502 prüft vor dem Einkauf seine Vorräte. Viel ist nicht mehr da, nur noch 546 098 135 Bruchstriche und 349 011 310 484 Rechenzeichen. Schreibe eine Einkaufsliste für den Abend mit vier Monstern.

3. Das Abendessen war köstlich, jedoch hat der Zahleneintopf nicht ganz gereicht, da das gefräßige Zahlenmonster 17 342 007 903 444 wieder einmal für drei Monster gegessen hat. Damit dies beim nächsten Mal nicht mehr passiert, macht sich das Zahlenmonster an die Arbeit, und schreibt das Rezept für sechs Zahlenmonster um.

<u>Zahleneintopf</u>

Für _____ Zahlenmonster

______________________________ Rechenzeichen

______________________________ Größerzeichen

______________________________ Kleinerzeichen

______________________________ Bruchstriche

______________________________ Ist-gleich-Zeichen

Escher/Schulze/Zucker: Individuell fördern – Mathe 5: Natürliche Zahlen und Grundrechenarten © Auer Verlag GmbH, Donauwörth

4. Das Zahlenmonster kann nach dieser Arbeit nun keine Zahlen mehr sehen. Es hat nun auch rote Flecken bekommen. Sein Arzt Sieben Billionen rät ihm nun für die nächste Zeit, alle Zahlen in Worten zu schreiben. Suche dir drei Zahlen des Rezepts aus Aufgabe 3 aus und schreibe sie in Worten in dein Heft.

5. Schreibe die Zahlen in Ziffernschreibweise in dein Heft.

- 4 B 12 Mrd 4 HM 9 ZM 5 M 6 HT 4 ZT 3 T 7 H 3 Z 4 E
- 546 Milliarden dreihundertsiebenundfünfzig Millionen neunhundertsechsundachtzigtausendsiebenhundertvierundzwanzig
- 1 B 8 HMrd 5 ZMrd 3 Mrd 2 HM 7 ZM
- sieben Milliarden einhundert Millionen vierzigtausenddreiundsechzig
- 6 Mrd 1 HM 6 ZM 2 M 1 E
- fünf Billionen dreihunderteinundzwanzig Milliarden achthundertsieben Millionen fünfhunderteinundsechzigtausendachthundertdreizehn

6. Bringe die Zahlen aus Aufgabe 5 in die richtige Reihenfolge. Beginne mit der kleinsten Zahl. Verwende das <-Zeichen.

____

____

____

____

____

7. Trage die Zahlen aus Aufgabe 6 ein. Finde ihre Vorgänger und Nachfolger.

Vorgänger	Zahl	Nachfolger

Escher/Schulze/Zucker: Individuell fördern – Mathe 5: Natürliche Zahlen und Grundrechenarten © Auer Verlag GmbH, Donauwörth

8. Wie heißen die Zahlen? Schneide die 15 Ziffernkärtchen aus. Lege dann mit den Ziffern Zahlen.

a) Lege die drei größtmöglichen Zahlen. Verwende dabei jeweils alle 15 Ziffernkärtchen. Berechne dann ihre Summe.

b) Lege die kleinstmögliche 8-stellige Zahl und mit den restlichen Ziffernkärtchen die größtmögliche 7-stellige Zahl. Subtrahiere sie voneinander.

c) Lege mit den 15 Ziffernkärtchen drei 5-stellige Zahlen so, dass ihre Summe so groß wie möglich ist.

1	**2**	**3**	**4**	**5**
6	**7**	**8**	**9**	**0**
2	**3**	**6**	**7**	**8**

Escher/Schulze/Zucker: Individuell fördern – Mathe 5: Natürliche Zahlen und Grundrechenarten © Auer Verlag GmbH, Donauwörth

9. RUNDEN

1. Es gibt Angaben, bei denen es sinnvoll ist, sie zu runden. Es gibt jedoch auch Zahlen, die auf keinen Fall gerundet werden dürfen.

a) Finde weitere geeignete Beispiele. Es gibt verschiedene Lösungen.

Angaben, die gerundet werden dürfen	Angaben, die nicht gerundet werden dürfen
Einwohnerzahlen	Telefonnummern

b) Warum dürfen manche Angaben nicht gerundet werden? Erkläre an zwei Beispielen.

____

____

____

____

2. Runde folgende Zahlen je nach Angabe.

	auf Zehntausender	auf Hunderttausender	auf Millionen
779 349 485			
395 973 283			
329 383 290			
95 836 173 239			
46 346 374 999			
744 236 908 001			
133 272 587			
999 345 455			
537 029 455			
87 397 385 100			
14 178 545 971			

ESCHER/SCHULZE/ZUCKER: INDIVIDUELL FÖRDERN – MATHE 5: NATÜRLICHE ZAHLEN UND GRUNDRECHENARTEN © AUER VERLAG GMBH, DONAUWÖRTH

3. Wie heißt die kleinste bzw. größte mögliche Zahl, um beim Runden auf die in der linken Spalte angegebene Zahl zu kommen?

	gerundete Zahl	kleinste mögliche Zahl	größte mögliche Zahl
gerundet auf volle Hundertertausender	783 900 000		
	475 300 000		
	28 800 000		
	999 200 000		
	809 400 000		
gerundet auf volle Zehnmillionen	230 000 000		
	23 560 000 000		
	4 780 000 000		
	330 000 000		
	234 550 000 000		
gerundet auf volle Milliarden	245 000 000 000		
	99 234 000 000 000		
	975 000 000 000		
	987 787 000 000 000		
	765 975 000 000 000		

4. Welche Ziffern könnten das sein? Ergänze sie. Wie viele Möglichkeiten findest du?

493 __ __ 8 384 ≈ 493 500 000

Escher/Schulze/Zucker: Individuell fördern – Mathe 5: Natürliche Zahlen und Grundrechenarten © Auer Verlag GmbH, Donauwörth

5. Einige Schülerinnen und Schüler der fünften Klasse besuchen jeden Dienstagnachmittag die Arbeitsgemeinschaft „Lernen lernen". Dort zeigt ihnen die Lehrerin Nützliches für den Schulalltag. Zum Beispiel lernen die Schülerinnen und Schüler, ihren Arbeitsplatz optimal zu gestalten, wie man am besten Hausaufgaben erledigt oder wie man sich gewissenhaft auf Prüfungen vorbereitet.
Heute bekommen die Jungen und Mädchen eine Hausaufgabe der besonderen Art: Sie sollen zu Hause aufschreiben, wie viel Zeit sie für die Mathematikaufgaben, für die Englischübung und für das Lernen eines Gedichts benötigen.
Am nächsten Tag tragen die Schülerinnen und Schüler ihre Zeiten in die von der Lehrerin vorbereitete Tabelle ein.

	Mathematik	**Englisch**	**Gedicht**
Anna	22 min	45 min	1 h 7 min
Max	17 min	1 h 2 min	58 min
Robert	43 min	64 min	79 min
Katrin	12 min	53 min	41 min
Oliver	33 min	1 h 16 min	27 min

Die Lehrerin schaut sich die Zeiten kurz an und lobt Anna: „Super Anna, du hast ja nur gute zwei Stunden für deine Aufgaben benötigt."

a) Wie konnte die Lehrerin das so schnell feststellen? Schreibe in dein Heft.

b) Überschlage die Gesamtzeit, die jede/jeder für alle Hausaufgaben zusammen benötigt hat und ordne sie der Reihe nach. Beginne mit der längsten Zeit. Schreibe in dein Heft.

6. Alle Schüler beginnen um 14 Uhr mit den Hausaufgaben. Finde eine passende Frage und rechne anschließend aus. Arbeite im Heft.

7. Nenne Situationen des täglichen Lebens, in welchen es sinnvoll ist, Zeiten zu runden bzw. Situationen, in welchen es nicht sinnvoll ist, zu runden.

Escher/Schulze/Zucker: Individuell fördern – Mathe 5: Natürliche Zahlen und Grundrechenarten © Auer Verlag GmbH, Donauwörth

10. Abschätzen von Anzahlen

1. Schätze die Anzahl der Wassertropfen zunächst ab und zähle dann nach.

Geschätzte Anzahl: ____________________ Gezählte Anzahl: ____________________

2.

a) Ina soll die Anzahl der Autos schätzen. Sie teilt die Abbildung in fünf ungefähr gleich große Rechtecke, zählt die Autos im ersten Rechteck und multipliziert sie dann mit fünf. Probiere ihre Methode selbst aus.
Geschätzte Anzahl: ____________________

b) Emma zählt die Anzahl der Autos in der ersten Zeile und multipliziert sie dann mit der Anzahl der Zeilen. Probiere ihre Methode selbst aus.
Geschätzte Anzahl: ____________________

c) Welche Methode ist genauer? Zähle die Anzahl der Autos nach und vergleiche mit den geschätzten Ergebnissen.

____

____

____

d) Welche Methode ist für die folgende Abbildung geeigneter? Begründe.

____

____

____

____

____

Escher/Schulze/Zucker: Individuell fördern – Mathe 5: Natürliche Zahlen und Grundrechenarten © Auer Verlag GmbH, Donauwörth

11. Schaubilder lesen

1. Hier siehst du ein Balkendiagramm über die maximalen Laufgeschwindigkeiten verschiedener Tiere. 1 cm Balkenlänge entspricht einer Geschwindigkeit von 10 km/h.

a) Lies die Laufgeschwindigkeiten mithilfe deines Lineals ab und trage die Werte in die Tabelle ein.

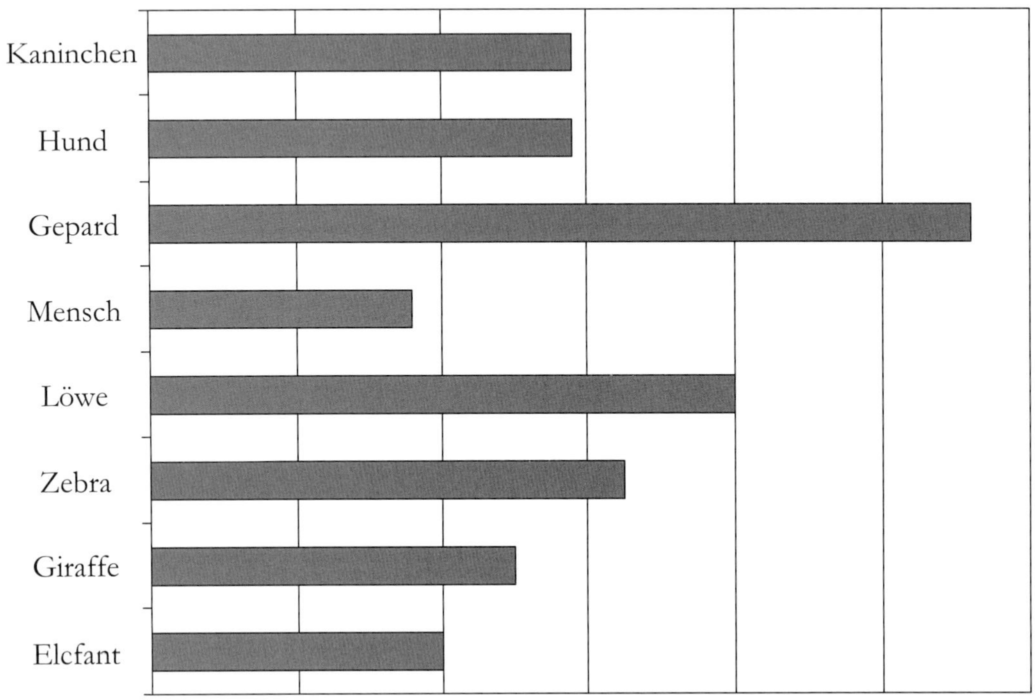

Kaninchen		Hund	
Gepard		Mensch	
Löwe		Zebra	
Giraffe		Elefant	

b) Berechne, wie weit die Tiere in einer halben Stunde/Viertelstunde laufen können. (Achtung: wenn sich keine genauen Ergebnisse ergeben, dann schreibe „ca.“.)

Escher/Schulze/Zucker: Individuell fördern – Mathe 5: Natürliche Zahlen und Grundrechenarten © Auer Verlag GmbH, Donauwörth

12. Schaubilder erstellen

1. In der Klasse 5c wurde eine Umfrage zur beliebtesten Sportart gestartet. Hier sind die Ergebnisse in mehreren Schaubildern dargestellt:

Annas Schaubild

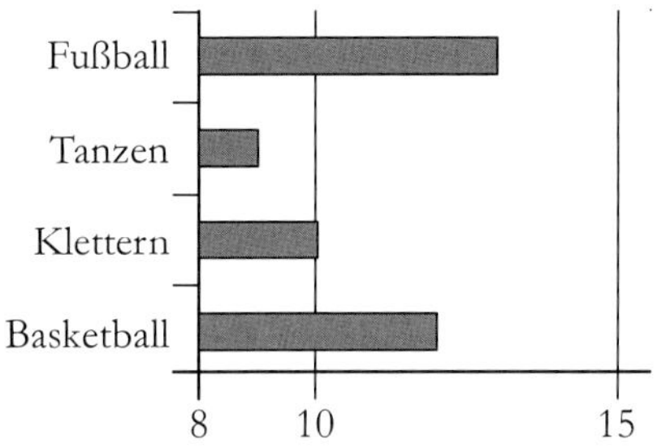

Simons Schaubild

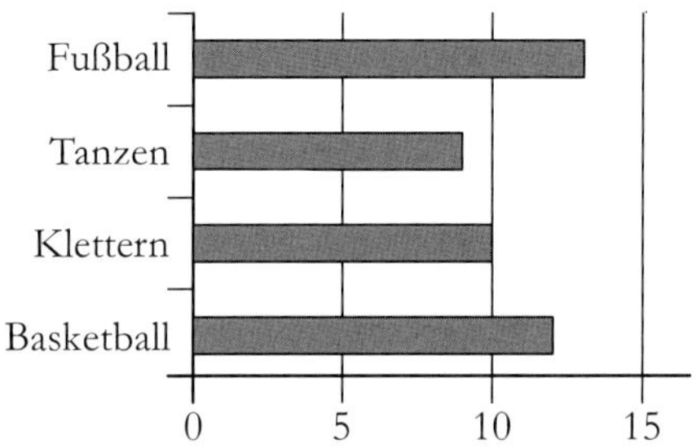

Lenas Schaubild

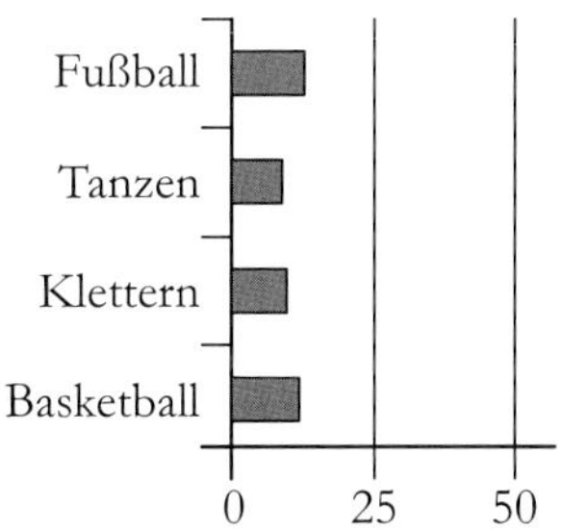

a) Simon sagt: „Bei mir spielen viel mehr Mitschüler Fußball als bei dir, Anna. Ich glaube, du hast falsch gezeichnet“. Was meinst du dazu? Notiere in dein Heft.

b) Welches Balkendiagramm ist für dich am übersichtlichsten und welches weniger übersichtlich gezeichnet? Schreibe in dein Heft und begründe deine Antwort.

Escher/Schulze/Zucker: Individuell fördern – Mathe 5: Natürliche Zahlen und Grundrechenarten © Auer Verlag GmbH, Donauwörth

2. Hier findest du eine Übersicht über die Lieblingssportarten von Kindern und Jugendlichen in einer Schule.

Jungen 6–10 Jahre	Fußball 66 Schüler	Jungen 11–15 Jahre	Fußball 66 Schüler
	Radfahren 24 Schüler		Basketball 30 Schüler
	Schwimmen 24 Schüler		Radfahren 25 Schüler
	Basketball 20 Schüler		Schwimmen 19 Schüler
	Joggen 14 Schüler		Tischtennis 14 Schüler
Mädchen 6–10 Jahre	Schwimmen 37 Schüler	Mädchen 11–15 Jahre	Schwimmen 36 Schüler
	Radfahren 23 Schüler		Radfahren 26 Schüler
	Joggen 18 Schüler		Tanzen 21 Schüler
	Reiten 17 Schüler		Joggen 21 Schüler
	Tanzen 15 Schüler		Inlinern 16 Schüler

a) Wie viele Schüler wurden hier insgesamt befragt? ______________________

b) Erstelle zu den Lieblingssportarten der Schülerinnen und Schüler verschiedene Schaubilder (Balkendiagramm, Säulendiagramm, nur Mädchen, nur Jungen, insgesamt etc.). Arbeite in deinem Heft.

3. Führe in deiner Klasse Umfragen zu selbstgewählten Themen durch und notiere die Ergebnisse. Befrage alle deine Mitschüler. Lege hierzu in deinem Heft oder auf einem Blatt Papier eine Tabelle nach folgendem Muster an:

Name				

4. Erstelle zu zwei von dir gewählten Ergebnissen ein Säulendiagramm und ein Balkendiagramm in deinem Heft. Achte auf eine geeignete Achseneinteilung.

ESCHER/SCHULZE/ZUCKER: INDIVIDUELL FÖRDERN – MATHE 5: NATÜRLICHE ZAHLEN UND GRUNDRECHENARTEN © AUER VERLAG GMBH, DONAUWÖRTH

Name der Schülerin/des Schülers

Beobachtungszeitraum

I. Themenbereich Natürliche Zahlen

Der Schüler kann …

Kompetenz	Ergebnis			Notizen zu Beobachtungen
	☹	😐	☺	
… Zahlen abschätzen.				
… Zahlen zerlegen.				
… Zahlen runden.				
… Zahlen ordnen.				
… Zahlen in Stellenwertschreibweise lesen.				
… Zahlen in Stellenwertschreibweise darstellen.				
… Schaubilder deuten.				
… Schaubilder erstellen.				

II. Arbeitsverhalten

1. Interesse (und Motivation)

Der Schüler …

- ☐ beteiligte sich einsatzfreudig und ausdauernd.
- ☐ beteiligte sich oft einsatzfreudig und ausdauernd.
- ☐ beteiligte sich je nach Interesse (am Unterrichtsgespräch).
- ☐ beteiligte sich kaum.

Escher/Schulze/Zucker: Individuell fördern – Mathe 5: Natürliche Zahlen und Grundrechenarten © Auer Verlag GmbH, Donauwörth

2. Konzentration (und Ausdauer)

Der Schüler …

- ☐ arbeitete besonders planvoll und konzentriert.
- ☐ arbeitete häufig planvoll und konzentriert.
- ☐ arbeitete selten planvoll und konzentriert.
- ☐ widmete sich nur kurzzeitig einer Sache.

3. Lern- und Arbeitsweise

Der Schüler …

- ☐ fand eigene Lösungswege, arbeitete selbstständig und eigenverantwortlich.
- ☐ erprobte eigene Lösungswege, arbeitete in der Regel selbstständig und eigenverantwortlich.
- ☐ erprobte Lösungswege mit Hilfestellung, musste zu selbstständigem und zügigem Arbeiten angehalten werden.
- ☐ schaffte es selbst mit Hilfestellung kaum, Lösungswege zu erproben, arbeitete oberflächlich und fehlerhaft.

III. Sonstige Anmerkungen

Escher/Schulze/Zucker: Individuell fördern – Mathe 5: Natürliche Zahlen und Grundrechenarten © Auer Verlag GmbH, Donauwörth

____

Name

I. Themenbereich Natürliche Zahlen

Lies dir folgende Aussagen in Ruhe durch. Überlege genau, welche jeweils auf dich zutreffen, und setze ein entsprechendes Kreuzchen unter „Ergebnis“.
Wenn du zusätzlich noch etwas vermerken möchtest (z. B. wenn du etwas besonders gut kannst oder etwas noch sehr gut üben solltest), kannst du dies in das Kästchen „Notizen“ schreiben.

Ich …

Wissen/Können	Ergebnis			Notizen
	☹ trifft gar nicht auf mich zu	😐 muss ich noch üben	☺ trifft auf mich zu	
… kann Zahlen abschätzen.				
… kann Zahlen zerlegen.				
… kann Zahlen runden.				
… kann Zahlen ordnen.				
… kann Zahlen in Stellenwertschreibweise richtig lesen.				
… kann Zahlen in Stellenwertschreibweise richtig darstellen.				
… kann Schaubilder deuten.				
… kann Schaubilder erstellen.				

II. Arbeitsverhalten

Bei der Beantwortung der folgenden Fragen sollst du selbst einschätzen, wie du im Unterricht arbeitest. Lies dir deshalb alle Antworten in Ruhe durch und entscheide dich dann für diejenige, die am besten auf dich zutrifft.

Escher/Schulze/Zucker: Individuell fördern – Mathe 5: Natürliche Zahlen und Grundrechenarten © Auer Verlag GmbH, Donauwörth

1. **Interesse (und Motivation)**

   Am Unterricht beteilige ich mich …

   - ☐ häufig und während der ganzen Schulstunde.
   - ☐ während der ganzen Schulstunde immer mal wieder.
   - ☐ immer dann, wenn mich das Thema interessiert.
   - ☐ eher selten oder gar nicht.

2. **Konzentration (und Ausdauer)**

   Wenn es Aufgaben zu bearbeiten gibt, dann …

   - ☐ erledige ich diese immer konzentriert und schnell.
   - ☐ bemühe ich mich darum, diese möglichst schnell und konzentriert zu bearbeiten.
   - ☐ bin ich nicht immer bei der Sache und schweife manchmal ab.
   - ☐ bin ich immer nur kurz oder gar nicht bei der Sache.

3. **Lern- und Arbeitsweise**

   Wenn es darum geht, knifflige Aufgaben selbstständig zu lösen, …

   - ☐ bin ich immer bei der Sache und komme meistens schnell zu einer richtigen Lösung.
   - ☐ komme ich meistens von allein auf die richtigen Lösungen und brauche nur selten Hilfestellung vom Lehrer.
   - ☐ schaffe ich das mit einiger Hilfe durch den Lehrer meistens ganz gut.
   - ☐ fällt mir das sehr schwer und ich brauche oft viele Hilfestellungen und viel Zeit, um zu einem richtigen Ergebnis zu kommen.

III. ZUSAMMENFASSUNG

Hier kannst du für dich noch einmal zusammenfassen, was du gut kannst, wo du Probleme hast und was du besser noch einmal üben solltest.

1. **Was kann ich gut?**

   ____

   ____

2. **Was finde ich schwierig?**

   ____

   ____

3. **Was muss ich noch mal üben?**

   ____

   ____

ESCHER/SCHULZE/ZUCKER: INDIVIDUELL FÖRDERN – MATHE 5: NATÜRLICHE ZAHLEN UND GRUNDRECHENARTEN © AUER VERLAG GMBH, DONAUWÖRTH

1. Mathematische Fachbegriffe

1. Verbinde jede Aufgabe mit dem dazugehörigen Begriff.

11 + 3	Division
28 – 12	Addition
12 · 4	Subtraktion
27 : 3	Multiplikation

2. Was gehört zusammen? Verbinde.

dazuzählen	multiplizieren
abziehen	dividieren
malnehmen	subtrahieren
teilen	addieren

3. Wie heißt der Fachbegriff? Verbinde.

Ergebnis einer Plusaufgabe	Produkt
Ergebnis einer Minusaufgabe	Quotient
Ergebnis einer Malaufgabe	Summe
Ergebnis einer Geteiltaufgabe	Differenz

4. Löse die Aufgaben:

a) Berechne die Summe aus 47 und 8.

____

b) Dividiere 18 durch 6.

____

c) Wie lautet der Quotient aus 24 und 6?

____

d) Subtrahiere 6 von 10 und addiere dann 9.

____

e) Finde eine Multiplikation mit dem Ergebnis 32. Findest du weitere Multiplikationen, die zu diesem Ergebnis führen?

____

f) Mit welchen Rechnungen kann der Quotient 8 erreicht werden?

____

Escher/Schulze/Zucker: Individuell fördern – Mathe 5: Natürliche Zahlen und Grundrechenarten © Auer Verlag GmbH, Donauwörth

2. Rechenregeln

1. Rechne möglichst sinnvoll. Arbeite im Heft.
Tipp: Unterstreiche die Zahlen, die sich einfach addieren lassen, mit derselben Farbe.

Beispiel: 13 + 8 + 7 + 12 = 13 + 7 + 8 + 12 = 40

a) 7 + 8 + 9 + 3 + 2 + 1 =
b) 19 + 20 + 11 =
c) 18 + 9 + 2 =
d) 23 + 38 + 7 =
e) 49 + 23 + 1 =
f) 54 + 1 + 19 + 16 =
g) 38 + 6 + 22 =
h) 11+ 23 + 9 + 7 =

2. Rechne auch hier sinnvoll.

a) 8 · 5 = ______
b) 2 · 11 · 5 = ______
c) 8 · 50 = ______
d) 2 · 11 · 50 = ______
e) 8 · 500 = ______
f) 2 · 11 · 500 = ______

3. Rechne in der richtigen Reihenfolge.
Tipp: Denke daran: Erst die Klammer, dann „Punkt vor Strich“!

a) (7 + 8) : 5 = ______
b) 32 + 4 – 3 · 9 = ______
c) (40 – 8) : 8 = ______
d) 34 – 15 : 5 – 2 = ______
e) 40 – 8 : 8 = ______
f) 7 · (3 + 4) = ______
g) 3 · (4 + 5) = ______
h) 7 · 3 + 4 = ______

4. Bei welchen Aufgaben kann man die Klammer weglassen, ohne dass sich das Ergebnis ändert? Probiere es aus.

a) (3 + 5) · 9 = ______
b) 3 · (5 + 4) = ______
c) 3 + (5 · 9) = ______
d) (8 : 4) –2 = ______
e) (3 · 5) + 9 = ______
f) 8 : (4 – 2) = ______

Escher/Schulze/Zucker: Individuell fördern – Mathe 5: Natürliche Zahlen und Grundrechenarten © Auer Verlag GmbH, Donauwörth

3. Schriftliches Addieren

1. Addiere schriftlich. Mache im Kopf erst den Überschlag.

a) HZE	b) THZE	c) THZE	d) THZE
348	799	1498	2076
+ 208	+ 304	+ 3789	+ 444

e) HZE	f) THZE	g) THZE	h) THZE
510	7983	13456	9999
699	2031	25130	888
+ 321	+ 8873	54666	77
		+ 82089	+ 6

2. Überschlage im Kopf, schreibe untereinander und rechne schriftlich.

a) 233 + 433 + 643 = ____________ b) 108 + 756 + 4567 = ____________

c) 345 + 1234 + 1973 = ____________ d) 4567 + 5654 + 5333 + 12942 = ____________

3. Fülle die Lücken aus.

a)	b)	c)	d)
3 _ 4	_ 2 1	4 3 _	_ _ 6
+ 2 1 _	+ 4 _ 6	+ _ 4 0	+ 7 3 _
_ 5 7	1 1 7 _	5 _ 8	9 5 8

Escher/Schulze/Zucker: Individuell fördern – Mathe 5: Natürliche Zahlen und Grundrechenarten © Auer Verlag GmbH, Donauwörth

4. Schriftliches Subtrahieren

1. Subtrahiere schriftlich. Mache im Kopf erst den Überschlag.

```
a)  HZE        b)  THZE       c)  THZE       d)  THZE
     765           1243           3426            876
    –324         –  465         –1259          –  456
```

```
e)  THZE       f)  THZE       g)  THZE       h)  THZE
    6423           8734           9864          14385
   –5428            456            397         –  8753
                 –  484          –  27
```

2. Überschlage im Kopf und rechne dann schriftlich.

a) 199 – 63 = ____________ b) 987 – 231= ____________

c) 3216 – 872 = ____________ d) 1423 – 987 = ____________

e) 2355 – 874 = ____________ f) 87631 – 1354 – 95 = ____________

3. Welche Zahlen fehlen? Fülle die Lücken aus.

```
a)    7  7  9     b)    7  4  9     c)    6  8  5     d)    3  7  __
   –  1  __ 3        –  __ 3  __       –  __ 3  5        –  1  __ 3
   -----------       -----------       -----------       -----------
      __ 5  __          3  __ 6           2  __ __          2  5  5
```

4. Senida will mit dem Flugzeug nach Tunesien verreisen. Am Abend vor der Reise wiegt sie ihren Koffer und stellt erschrocken fest, dass er 1450 g zu viel wiegt. Die Fluggesellschaft schreibt vor, dass Koffer nur 12 kg wiegen dürfen, sonst muss man eine Zusatzgebühr entrichten. Was soll sie auspacken? Kannst du ihr helfen? Packe möglichst Dinge aus, auf die man verzichten kann. Das ist in ihrem Koffer enthalten:

4 Jeans (je 420 g)	3 lange Pullis (je 280 g)	2 Jacken (je 320 g)	1 Abendkleid (780 g)
2 Bikinis (je 120 g)	8 Paar Socken (je 40 g)	2 Badetücher (je 320 g)	4 Bücher (je 300 g)
1 Zahnputzbedarf (100 g)	2 Duschgels (je 160 g)	MP-3-Player (120 g)	Adressbuch (40 g)
Parfum (340 g)	Sandalen (650 g)	feste Schuhe (840 g)	Schuhe zum Ausgehen (440 g)
Sneakers (660 g)	Stifte und Papier (80 g)	persönlicher Bedarf (1300 g)	Koffer (2220 g)

Tipp: Löse mit einer Subtraktion. Rechne in deinem Heft.

Escher/Schulze/Zucker: Individuell fördern – Mathe 5: Natürliche Zahlen und Grundrechenarten © Auer Verlag GmbH, Donauwörth

5. Schriftliches Addieren und Subtrahieren

1. Setze für x eine passende Zahl ein. Denke jeweils an die Umkehraufgabe. Arbeite im Heft.

a) 38 + x = 123	b) x – 36 = 12	c) x + 165 = 432	d) 63 – x = 22
e) x + 754 = 864	f) 64 – 46 = x	g) 53 + 783 = x	h) x – 257 = 68

2. Rechenmauern: Addiere immer zwei nebeneinanderliegende Kästchen und schreibe die Summe in das darüberliegende Kästchen.

a)

7	9	24	15	28

b)

25		52		
17			42	41

3. Setze für x eine passende Zahl ein. Denke jeweils an die Umkehraufgabe. Arbeite im Heft.

a) 52 + x = 57	b) x – 86 = 35	c) x + 43 = 75	d) 62 – x = 43
e) x + 532 = 1 326	f) 853 – 642 = x	g) 643 + 241 = x	h) x – 1 005 = 531

4. Manuela hat 738 €. Sie gibt folgende Beträge aus: 25 €, 37 €, 521 € und 63 €. Diese Beträge bekommt sie: 23 €, 57 €, 37 € und 120 €. Wie viel Geld hat sie nun? Arbeite im Heft.

5. Berechne:

a)		9	3	4	b)		7	6	4	c)		7	5	3
	+	1	1	1		–	4	2	1		+	3	5	3
d)		5	2	1	e)		5	2	4	f)		9	3	4
	–	5	2	1		+	7	4	2		–	4	2	9

Escher/Schulze/Zucker: Individuell fördern – Mathe 5: Natürliche Zahlen und Grundrechenarten © Auer Verlag GmbH, Donauwörth

6. Schriftliches Multiplizieren und Dividieren

1. Multipliziere schriftlich. Arbeite in deinem Heft.

a) $15 \cdot 9$ b) $53 \cdot 7$ c) $39 \cdot 18$ d) $94 \cdot 17$ e) $91 \cdot 23$ f) $64 \cdot 51$

g) $32 \cdot 7$ h) $39 \cdot 9$ i) $42 \cdot 4$ j) $38 \cdot 0$ k) $91 \cdot 15$ l) $60 \cdot 28$

2. Arbeite im Heft: Florian überlegt sich, wie viele Schüler ungefähr in seine Schule gehen. Er weiß, dass es 19 Klassen in seiner Schule gibt. Er schätzt, dass in jeder Klasse ungefähr 25 Schüler sind.

a) Wie viele Schüler sind ungefähr in seiner Schule?
b) Wie viele Schüler sind ungefähr in deiner Schule?

3. Hakan spielt ein Glücksspiel. Er hat 12 Wertmarken. In der ersten Runde verdreifacht, in der zweiten Runde versiebenfacht und in der dritten Runde vervierzehnfacht sich sein Gewinn. Wie viele Wertmarken hat er am Schluss? Arbeite im Heft.

4. Subtrahiere bis zum Ergebnis 0. Schreibe die passende Division dazu. Arbeite im Heft.

a) 63 – 7 – 7 … b) 99 – 9 – 9 … c) 36 – 4 … d) 35 – 5 …
e) 48 – 16 … f) 48 – 8 … g) 48 – 4 … h) 48 – 2 …

5. Sieh dir die Aufgaben 4 e) bis 4 h) genau an. Erkennst du eine Regel?

6. Dividiere im Heft. Überschlage die Rechnung.

a) 756 : 6 b) 6 992 : 8
c) 732 : 12 d) 3 710 : 14

7. Die Klasse 5b hat für ein Projekt 2 848 Pralinen hergestellt. Es werden immer 8 Pralinen in eine Schachtel verpackt. Rechne im Heft

Frage: ____?

Antwort: ____

Escher/Schulze/Zucker: Individuell fördern – Mathe 5: Natürliche Zahlen und Grundrechenarten © Auer Verlag GmbH, Donauwörth

7. Alle Grundrechenarten

1. Berechne im Heft.

a) 378 + 784 b) 876 – 483 c) $28 \cdot 36$ d) 1224 : 12

2. Setze Rechenzeichen so ein, dass Ergebnisse aus der rechten Spalte erzielt werden. Verbinde mit Pfeilen.

Rechne dabei in deinem Heft.

1323	■	212		781
23	■	24		16
758	■	23		1111
512	■	32		552

3. Nenne zu folgenden Termen den Fachbegriff.

34 + 19 ____________________ 16 – 9 ____________________

$2 \cdot 34$ ____________________ 64 : 8 ____________________

4. Wie schwer sind alle Schüler in deiner Klasse? Seid ihr schwerer als eine Tonne? Wie schwer sind alle Schüler deiner Schule? Schätze das Gewicht der Mitschüler. Arbeite im Heft.

5. Wie viele Minuten hat ein Tag? Arbeite im Heft.

6. Ein Fußballspiel dauert 90 Minuten. Wie viele Fußballspiele würden in einen Tag passen, wenn es zwischen den Halbzeiten keine Pausen gäbe? Arbeite im Heft.

7. Cesare ist beim Einkaufen. Er kauft drei Packungen Eis für 0,98 €, vier Packungen Chips für 1,46 €, zwei Liter Milch zu je 0,89 € und Fleisch für 5,79 €. Er schaut in seinen Geldbeutel und sieht dort nur einen 20-€-Schein. Reicht das Geld? Löse die Aufgabe nur mit dem Überschlag in deinem Heft.

Escher/Schulze/Zucker: Individuell fördern – Mathe 5: Natürliche Zahlen und Grundrechenarten © Auer Verlag GmbH, Donauwörth

________________________ ________________________

Name der Schülerin/des Schülers Beobachtungszeitraum

I. THEMENBEREICH GRUNDRECHENARTEN

Der Schüler kann …

Kompetenz	Ergebnis ☹	Ergebnis 😐	Ergebnis ☺	Notizen zu Beobachtungen
… Überschlagsrechnungen durchführen.				
… mit einfachen Zahlen im Kopf rechnen.				
… Normalverfahren bei schriftlichen Rechenoperationen richtig anwenden: addieren.				
… Normalverfahren bei schriftlichen Rechenoperationen richtig anwenden: subtrahieren.				
… Normalverfahren bei schriftlichen Rechenoperationen richtig anwenden: multiplizieren (Faktor ein- bis zweistellig).				
… Normalverfahren bei schriftlichen Rechenoperationen richtig anwenden: dividieren (Divisor ein- bis zweistellig).				
… vorteilhafte Rechenwege anwenden.				
… verschiedene Rechenwege finden.				
… vorteilhafte Rechenwege begründen.				

ESCHER/SCHULZE/ZUCKER: INDIVIDUELL FÖRDERN – MATHE 5: NATÜRLICHE ZAHLEN UND GRUNDRECHENARTEN © AUER VERLAG GMBH, DONAUWÖRTH

II. Arbeitsverhalten

1. Interesse (und Motivation)

Der Schüler …

- ☐ beteiligte sich einsatzfreudig und ausdauernd.
- ☐ beteiligte sich oft einsatzfreudig und ausdauernd.
- ☐ beteiligte sich je nach Interesse (am Unterrichtsgespräch).
- ☐ beteiligte sich kaum.

2. Konzentration (und Ausdauer)

Der Schüler …

- ☐ arbeitete besonders planvoll und konzentriert.
- ☐ arbeitete häufig planvoll und konzentriert.
- ☐ arbeitete selten planvoll und konzentriert.
- ☐ widmete sich nur kurzzeitig einer Sache.

3. Lern- und Arbeitsweise

Der Schüler …

- ☐ fand eigene Lösungswege, arbeitete selbstständig und eigenverantwortlich.
- ☐ erprobte eigene Lösungswege, arbeitete in der Regel selbstständig und eigenverantwortlich.
- ☐ erprobte Lösungswege mit Hilfestellung, musste zu selbstständigem und zügigem Arbeiten angehalten werden.
- ☐ schaffte es selbst mit Hilfestellung kaum, Lösungswege zu erproben, arbeitete oberflächlich und fehlerhaft.

III. Sonstige Anmerkungen

____

____

____

____

____

____

____

____

Escher/Schulze/Zucker: Individuell fördern – Mathe 5: Natürliche Zahlen und Grundrechenarten © Auer Verlag GmbH, Donauwörth

____

Name

I. Themenbereich Grundrechenarten

Lies dir folgende Aussagen in Ruhe durch. Überlege genau, welche jeweils auf dich zutreffen, und setze ein entsprechendes Kreuzchen unter „Ergebnis".
Wenn du zusätzlich noch etwas vermerken möchtest (z. B. wenn du etwas besonders gut kannst oder etwas noch sehr gut üben solltest), kannst du dies in das Kästchen „Notizen" schreiben.

Ich …

Wissen/Können	**Ergebnis**			**Notizen**
	☹ trifft gar nicht auf mich zu	😐 muss ich noch üben	☺ trifft auf mich zu	
… kann Rechnungen im Kopf zuerst überschlagen.				
… kann mit einfachen Zahlen im Kopf rechnen.				
… kann schriftliche Additionen richtig durchführen.				
… kann schriftliche Subtraktionen richtig durchführen.				
… kann schriftliche Multiplikationen mit höchstens zweistelligen Zahlen richtig durchführen.				
… kann schriftliche Divisionen mit höchstens zweistelligem Divisor richtig durchführen.				
… kann vorteilhafte Rechenwege anwenden.				
… finde verschiedene Rechenwege.				
… kann begründen, welcher Rechenweg der günstigste ist.				

Escher/Schulze/Zucker: Individuell fördern – Mathe 5: Natürliche Zahlen und Grundrechenarten © Auer Verlag GmbH, Donauwörth

II. Arbeitsverhalten

Bei der Beantwortung der folgenden Fragen sollst du selbst einschätzen, wie du im Unterricht arbeitest. Lies dir deshalb alle Antworten in Ruhe durch und entscheide dich dann für diejenige, die am besten auf dich zutrifft.

1. Interesse (und Motivation)

Am Unterricht beteilige ich mich ...

- ☐ häufig und während der ganzen Schulstunde.
- ☐ während der ganzen Schulstunde immer mal wieder.
- ☐ immer dann, wenn mich das Thema interessiert.
- ☐ eher selten oder gar nicht.

2. Konzentration (und Ausdauer)

Wenn es Aufgaben zu bearbeiten gibt, dann ...

- ☐ erledige ich diese immer konzentriert und schnell.
- ☐ bemühe ich mich darum, diese möglichst schnell und konzentriert zu bearbeiten.
- ☐ bin ich nicht immer bei der Sache und schweife manchmal ab.
- ☐ bin ich immer nur kurz oder gar nicht bei der Sache.

3. Lern- und Arbeitsweise

Wenn es darum geht, knifflige Aufgaben selbstständig zu lösen, ...

- ☐ bin ich immer bei der Sache und komme meistens schnell zu einer richtigen Lösung.
- ☐ komme ich meistens von allein auf die richtigen Lösungen und brauche nur selten Hilfestellung vom Lehrer.
- ☐ schaffe ich das mit einiger Hilfe durch den Lehrer meistens ganz gut.
- ☐ fällt mir das sehr schwer und ich brauche oft viele Hilfestellungen und viel Zeit, um zu einem richtigen Ergebnis zu kommen.

III. Zusammenfassung

Hier kannst du für dich noch einmal zusammenfassen, was du gut kannst, wo du Probleme hast und was du besser noch einmal üben solltest.

1. Was kann ich gut?

____

2. Was finde ich schwierig?

____

3. Was muss ich noch mal üben?

____

Escher/Schulze/Zucker: Individuell fördern – Mathe 5: Natürliche Zahlen und Grundrechenarten © Auer Verlag GmbH, Donauwörth

1. Mathematische Fachbegriffe

1. Schreibe den richtigen Fachbegriff daneben.

Plusaufgabe: ____________________

Minusaufgabe: ____________________

Malaufgabe: ____________________

Geteiltaufgabe: ____________________

dazuzählen: ____________________

abziehen: ____________________

malnehmen: ____________________

teilen: ____________________

Ergebnis einer Addition: ____________________

Ergebnis einer Subtraktion: ____________________

Ergebnis einer Multiplikation: ____________________

Ergebnis einer Division: ____________________

2. Löse folgende Aufgaben.

a) Berechne die Summe aus 216 und 18 und subtrahiere davon 15.

____

b) Dividiere 72 durch 3 und addiere 12.

____

c) Bilde den Quotienten aus 63 und 7 und addiere 12.

____

d) Subtrahiere von der Differenz aus 62 und 27 die Zahl 19.

____

e) Finde eine Multiplikation mit dem Ergebnis 92. Findest du weitere Multiplikationen, die zu diesem Ergebnis führen?

____

f) Findest du eine Multiplikationsaufgabe, deren Produkt 31 ist?

____

g) Welche Aufgaben ergeben den Quotienten 8?

____

Escher/Schulze/Zucker: Individuell fördern – Mathe 5: Natürliche Zahlen und Grundrechenarten © Auer Verlag GmbH, Donauwörth

2. Rechenregeln

1. Rechne möglichst sinnvoll. Arbeite im Heft
   Tipp: Unterstreiche die Zahlen, die sich einfach addieren lassen, mit derselben Farbe.

Beispiel: 13 + 8 + 7 + 12 = 13 + 7 + 8 + 12 = 40

a) 28 + 9 + 2 + 1 =

b) 100 + 19 + 20 + 11 =

c) 23 + 438 + 7 + 12 =

d) 18 + 9 + 2 =

e) 49 + 23 + 11 + 17 =

f) 54 + 21 + 19 + 16 =

g) 38 + 6 + 22 + 4 =

h) 111 + 23 + 9 + 17 =

2. Rechne auch hier sinnvoll.

a) 2 · 8 · 5 = ____________

b) 2 · 11 · 5 = ____________

c) 2 · 8 · 50 = ____________

d) 2 · 11 · 50 = ____________

e) 2 · 8 · 500 = ____________

f) 2 · 11 · 500 = ____________

3. Rechne in der richtigen Reihenfolge.
   Tipp: Denke daran: 1. Klammer ausrechnen 2. Punkt vor Strich

a) (7 + 8) : 5 = ____________

b) 32 + 4 – 3 · 9 = ____________

c) (40 – 8) : 8 = ____________

d) 34 – 15 : 5 – 2 = ____________

e) 40 – 8 : 8 = ____________

f) 7 · (3 + 4) = ____________

g) 3 · (4 + 5) = ____________

h) 7 · 3 + 4 = ____________

4. Bei welchen Aufgaben kann man die Klammer weglassen, ohne dass sich das Ergebnis ändert? Probiere es aus.

a) (8 + 5) · 9 = ____________

b) 3 · (5 + 9) = ____________

c) 135 + (5 · 9) = ____________

d) (48 : 4) – 2 = ____________

e) (12 · 5) + 50 = ____________

f) 48 : (4 – 2) = ____________

Escher/Schulze/Zucker: Individuell fördern – Mathe 5: Natürliche Zahlen und Grundrechenarten © Auer Verlag GmbH, Donauwörth

3. Schriftliches Addieren

1. Addiere schriftlich. Rechne erst den Überschlag im Kopf.

a)	b)	c)	d)
348	799	1 098	2076
208	304	3 888	23 876
+ 534	+ 387	+ 497	+ 34 789

e)	f)	g)	h)
321	1 345	2 477	9 999
986	8 453	34	8 888
812	9 999	8	7 777
+ 965	+ 8 888	12	+ 6 666
		+ 677	

2. Arbeite im Heft: Überschlage im Kopf, schreibe untereinander und rechne schriftlich. Achte auf die Einheiten.

a) 9 999 + 34 777 + 12 = ______________

b) 32 345 m + 5 789 m + 1 450 m = ______________

c) 45 000 g + 1 245 kg + 876 kg = ______________

d) 136 m + 1 235 dm + 120 000 cm = ______________

3. Fülle die Lücken aus.

a)
```
    3 4 _
    1 1 1
    _ 0 3
+   4 _ 4
---------
  1 5 5 9
```

b)
```
  1 _ 2 6
      4 2
    3 _ 0
+ 1 0 2 _
---------
  2 7 9 9
```

c)
```
    4 5 8
  1 _ 1 2
  _ 1 2 _
+   4 _ 2
---------
  4 9 9 2
```

d) 43 __ + __ 14 + __ 401 = 2048

4. Addiere zur größtmöglichen vierstelligen Zahl die kleinstmögliche vierstellige Zahl.

____

Escher/Schulze/Zucker: Individuell fördern – Mathe 5: Natürliche Zahlen und Grundrechenarten © Auer Verlag GmbH, Donauwörth

4. Schriftliches Subtrahieren

1. Subtrahiere schriftlich. Überschlage erst im Kopf.

a) 1 245 − 1 098

b) 13 637 − 986

c) 145 756 − 99 638

d) 1 000 204 − 12 958

e) 12 832 − 10 342 − 1 021

f) 843 634 − 145 123 − 211 974

g) 9 746 000 − 34 573 − 12

h) 77 777 − 5 555 − 333

2. Arbeite im Heft: Subtrahiere schriftlich ohne Karopapier.

a) 12 845 – 6 455 = ________________

b) 65 124 – 42 531 – 654 = ________________

c) 54 999 – 12 431 – 21 999 = ________________

d) 134 654 – 99 999 = ________________

e) 462 000 – 5 985 – 34 = ________________

f) 39 008 – 12 000 – 9 876 = ________________

3. Fülle die Lücken aus. Welche Zahlen fehlen?

a) 7 __ __ − 1 2 3 = __ 5 6

b) __ __ 9 − 4 3 __ = 3 1 6

c) __ 8 __ − 4 3 5 = 2 __ 0

d) __ 7 8 − 1 __ __ = 2 5 5

4. Subtrahiere schriftlich im Heft.

a) 1 345 – 842 = ________________

b) 8 732 – 7 403 = ________________

c) 14 782 – 4 931 – 3 214 = ________________

d) 732 832 – 421 454 = ________________

5. Denise hat noch 963 ct auf ihrem Prepaid-Handy. Folgende Aktionen führt sie aus:

Datum	Aktion	Kosten
14. Februar	SMS	19 ct
14. Februar	Telefongespräche	89 ct
15. Februar	MMS	59 ct
15. Februar	Klingelton	198 ct
16. Februar	Anruf	124 ct
16. Februar	4 SMS	76 ct

Wie viel Guthaben hat sie noch auf ihrem Konto? Berechne im Heft.

Escher/Schulze/Zucker: Individuell fördern – Mathe 5: Natürliche Zahlen und Grundrechenarten © Auer Verlag GmbH, Donauwörth

5. Addieren und Subtrahieren

1. Setze für x die passende Zahl ein. Denke jeweils an die Umkehraufgabe. Arbeite im Heft.

a) $256 + x = 983$ b) $x - 123 = 86$ c) $x + 2345 = 5322$ d) $993 - x = 176$

e) $x + 234 = 842$ f) $932 - 446 = x$ g) $5342 + 8973 = x$ h) $x - 3532 = 689$

2. Rechenmauern. Addiere immer zwei nebeneinanderliegende Kästchen und schreibe die Summe in das darüberliegende Kästchen. Nebenrechnungen kannst du in deinem Heft ausführen.

a)

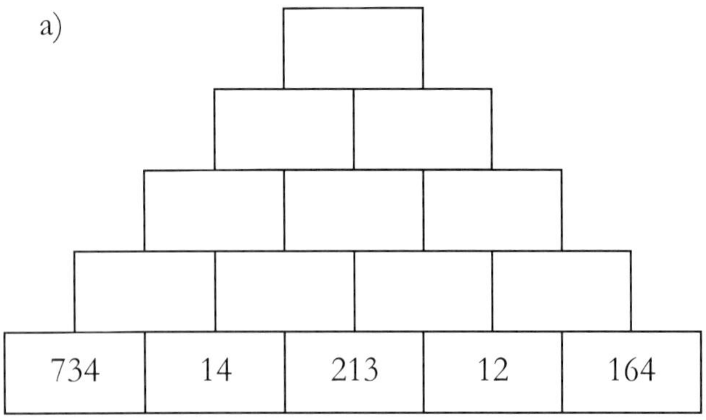

b)

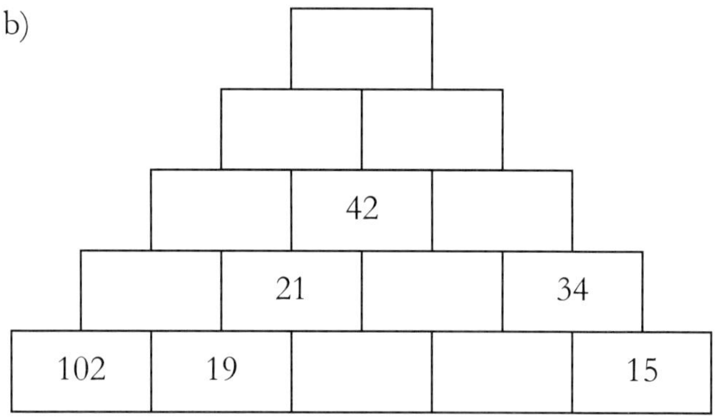

3. Berechne im Heft.

a) $1234 + 345 - 642 + 782 =$ ______________ b) $7321 + 521 - 6432 - 421 =$ ______________

c) $4643 - (321 + 3216) =$ ______________ d) $(3542 - 1932) - (325 - 134) =$ ______________

4. Auf Alexanders Girokonto sind am 8. März 4234 €. In den nächsten Tagen gab es folgende Ein- und Auszahlungen:

Datum	Einzahlung	Auszahlung
9. März	258 €	
10. März		234 €
11. März	531 €	
12. März		3217 €

Wie hoch ist sein Guthaben jetzt? Berechne im Heft.

Escher/Schulze/Zucker: Individuell fördern – Mathe 5: Natürliche Zahlen und Grundrechenarten © Auer Verlag GmbH, Donauwörth

6. SCHRIFTLICHES MULTIPLIZIEREN UND DIVIDIEREN

1. Multipliziere schriftlich. Arbeite im Heft.

a) 876 · 563 = ______________________ b) 1 024 · 105 = ______________________

c) 1 732 · 990 = ______________________ d) 12 834 · 4 321 = ______________________

e) 24 329 · 33 231 = ______________________

2. Für ein Fußballspiel am 16. November wurden 13 654 Stehplatzkarten zu je 17 €, 25 476 Sitzplatzkarten zu je 35 €, 8 743 Karten für die Haupttribüne zu je 43 € und 37 Logenplätze zu je 248 € verkauft. 14 364 Karten konnten nicht verkauft werden. Wie viel Geld befindet sich in der Klubkasse? Arbeite im Heft.

3. Arbeite im Heft: Herr Müller verdient jeden Monat 1 632 €. Das Geld wird immer am 30. jedes Monats überwiesen.

a) Wie viel verdient er im Jahr?

b) Wie viel hat er nach 30 Jahren verdient?

4. Wie viele Sekunden hat ein Tag? Arbeite im Heft.

5. Dividiere. Überschlage die Rechnung vorher im Kopf.

a) 2 422 : 7 = ______________________ b) 12 132 : 8 = ______________________

c) 5 152 : 14 = ______________________ d) 11 310 : 130 = ______________________

6. In der Goethestraße soll der Gehweg neu geteert werden. Die Bauarbeiten kosten 22 976 €. Diese Kosten teilen sich 16 Anwohner.

Frage: ____?

Antwort: ____

Escher/Schulze/Zucker: Individuell fördern – Mathe 5: Natürliche Zahlen und Grundrechenarten © Auer Verlag GmbH, Donauwörth

7. Alle Grundrechenarten

1. Setze hier Rechenzeichen so ein, dass Ergebnisse aus der rechten Spalte erzielt werden. Verbinde mit Pfeilen. Rechne dabei in deinem Heft.

2435	▢	1312
123	▢	134
15345	▢	15
1014	▢	27

16482
1041
1123
1023

2. Multipliziere die Zahl 142857 mit 1, 2, 3, 4, 5 und 6. Was fällt dir auf? Erkennst du eine Regelmäßigkeit? Arbeite im Heft.

3. Rechne im Heft: Deine Klasse möchte ins Schullandheim fahren. Für den Bus sammelt dein Lehrer 1160 € ein. Für Unterkunft und Verpflegung muss die Klasse 1814 € bezahlen. Ausflüge und Eintritte kosten weitere 470 €. Jeder der 21 Schüler machte eine Anzahlung von 180 €.

Frage: ____?

Antwort: ____

4. Pauls Freund erfindet folgende Aufgabe: Denke dir eine Zahl. Zähle nun zu dieser Zahl 1 dazu und multipliziere das Ganze mit 3. Addiere nun wieder die 1 und deine gedachte Zahl.

„Wie lautet dein Ergebnis?“, will sein Freund wissen. „40“, antwortet Paul. „Dann hast du dir die 9 gemerkt“, errät er richtig. Wie hat er das gemacht? Arbeite im Heft.

5. Ein Buch hat 100 Seiten. Auf wie vielen Seiten des Buches steht eine Seitenzahl, die durch 6 teilbar ist? Rechne und antworte in deinem Heft.

6. Hakan verspricht seiner Lehrerin, dass er jedes Mal, wenn er mit seinem Nachbarn spricht, ein Wort aus dem Lesebuch abschreibt. Bei jedem weiteren Mal verdoppelt sich die Menge der Wörter. Hakan wurde 20-mal beim Stören erwischt. Wie viele Wörter müsste er abschreiben? Rechne und antworte in deinem Heft.

7. Erkläre deinem Nachbarn die Begriffe: Multiplikation, Division, Addition und Subtraktion.

Escher/Schulze/Zucker: Individuell fördern – Mathe 5: Natürliche Zahlen und Grundrechenarten © Auer Verlag GmbH, Donauwörth

Name der Schülerin/des Schülers

Beobachtungszeitraum

I. Themenbereich Grundrechenarten

Der Schüler kann …

Kompetenz	Ergebnis			Notizen zu Beobachtungen
	☹	😐	☺	
… Überschlagsrechnungen durchführen.				
… mit einfachen Zahlen im Kopf rechnen.				
… Normalverfahren bei schriftlichen Rechenoperationen richtig anwenden: addieren.				
… Normalverfahren bei schriftlichen Rechenoperationen richtig anwenden: subtrahieren.				
… Normalverfahren bei schriftlichen Rechenoperationen richtig anwenden: multiplizieren.				
… Normalverfahren bei schriftlichen Rechenoperationen richtig anwenden: dividieren.				
… vorteilhafte Rechenwege anwenden.				
… verschiedene Rechenwege finden.				
… vorteilhafte Rechenwege begründen.				

Escher/Schulze/Zucker: Individuell fördern – Mathe 5: Natürliche Zahlen und Grundrechenarten © Auer Verlag GmbH, Donauwörth

II. Arbeitsverhalten

1. Interesse (und Motivation)

Der Schüler …

- ☐ beteiligte sich einsatzfreudig und ausdauernd.
- ☐ beteiligte sich oft einsatzfreudig und ausdauernd.
- ☐ beteiligte sich je nach Interesse (am Unterrichtsgespräch).
- ☐ beteiligte sich kaum.

2. Konzentration (und Ausdauer)

Der Schüler …

- ☐ arbeitete besonders planvoll und konzentriert.
- ☐ arbeitete häufig planvoll und konzentriert.
- ☐ arbeitete selten planvoll und konzentriert.
- ☐ widmete sich nur kurzzeitig einer Sache.

3. Lern- und Arbeitsweise

Der Schüler …

- ☐ fand eigene Lösungswege, arbeitete selbstständig und eigenverantwortlich.
- ☐ erprobte eigene Lösungswege, arbeitete in der Regel selbstständig und eigenverantwortlich.
- ☐ erprobte Lösungswege mit Hilfestellung, musste zu selbstständigem und zügigem Arbeiten angehalten werden.
- ☐ schaffte es selbst mit Hilfestellung kaum, Lösungswege zu erproben, arbeitete oberflächlich und fehlerhaft.

III. Sonstige Anmerkungen

____

____

____

____

____

____

____

____

Escher/Schulze/Zucker: Individuell fördern – Mathe 5: Natürliche Zahlen und Grundrechenarten © Auer Verlag GmbH, Donauwörth

____
Name

I. Themenbereich Grundrechenarten

Lies dir folgende Aussagen in Ruhe durch. Überlege genau, welche jeweils auf dich zutreffen, und setze ein entsprechendes Kreuzchen unter „Ergebnis".
Wenn du zusätzlich noch etwas vermerken möchtest (z. B. wenn du etwas besonders gut kannst oder etwas noch sehr gut üben solltest), kannst du dies in das Kästchen „Notizen" schreiben.

Ich …

Wissen/Können	**Ergebnis**			**Notizen**
	☹ trifft gar nicht auf mich zu	😐 muss ich noch üben	☺ trifft auf mich zu	
… kann Rechnungen im Kopf zuerst überschlagen.				
… kann mit einfachen Zahlen im Kopf rechnen.				
… kann schriftliche Additionen richtig durchführen.				
… kann schriftliche Subtraktionen richtig durchführen.				
… kann schriftliche Multiplikationen richtig durchführen.				
… kann schriftliche Divisionen richtig durchführen.				
… kann vorteilhafte Rechenwege anwenden.				
… finde verschiedene Rechenwege.				
… kann begründen, welcher Rechenweg der günstigste ist.				

Escher/Schulze/Zucker: Individuell fördern – Mathe 5: Natürliche Zahlen und Grundrechenarten © Auer Verlag GmbH, Donauwörth

II. Arbeitsverhalten

Bei der Beantwortung der folgenden Fragen sollst du selbst einschätzen, wie du im Unterricht arbeitest. Lies dir deshalb alle Antworten in Ruhe durch und entscheide dich dann für diejenige, die am besten auf dich zutrifft.

1. Interesse (und Motivation)

Am Unterricht beteilige ich mich …

- ☐ häufig und während der ganzen Schulstunde.
- ☐ während der ganzen Schulstunde immer mal wieder.
- ☐ immer dann, wenn mich das Thema interessiert.
- ☐ eher selten oder gar nicht.

2. Konzentration (und Ausdauer)

Wenn es Aufgaben zu bearbeiten gibt, dann …

- ☐ erledige ich diese immer konzentriert und schnell.
- ☐ bemühe ich mich darum, diese möglichst schnell und konzentriert zu bearbeiten.
- ☐ bin ich nicht immer bei der Sache und schweife manchmal ab.
- ☐ bin ich immer nur kurz oder gar nicht bei der Sache.

3. Lern- und Arbeitsweise

Wenn es darum geht, knifflige Aufgaben selbstständig zu lösen, …

- ☐ bin ich immer bei der Sache und komme meistens schnell zu einer richtigen Lösung.
- ☐ komme ich meistens von allein auf die richtigen Lösungen und brauche nur selten Hilfestellung vom Lehrer.
- ☐ schaffe ich das mit einiger Hilfe durch den Lehrer meistens ganz gut.
- ☐ fällt mir das sehr schwer und ich brauche oft viele Hilfestellungen und viel Zeit, um zu einem richtigen Ergebnis zu kommen.

III. Zusammenfassung

Hier kannst du für dich noch einmal zusammenfassen, was du gut kannst, wo du Probleme hast und was du besser noch einmal üben solltest.

1. Was kann ich gut?

____

2. Was finde ich schwierig?

____

3. Was muss ich noch mal üben?

____

Escher/Schulze/Zucker: Individuell fördern – Mathe 5: Natürliche Zahlen und Grundrechenarten © Auer Verlag GmbH, Donauwörth

1. Mathematische Fachbegriffe

1. Kommen dir die markierten Begriffe im nachfolgenden Text bekannt vor? Versuche sie mit eigenen Worten zu erklären. Welche mathematischen Rechenoperationen verbergen sich hinter diesen Begriffen? Schreibe auch die deutschen Bedeutungen auf. Arbeite im Heft.

Beispiel:

Dem Kraftstoff wurde ein **Additivum** beigemengt.

Additivum = ein Zusatzstoff, der die Qualität des Kraftstoffes verbessert

mathematischer Fachbegriff: addieren (hinzufügen)

a) Ich trinke gerne **Multivitaminsaft**.

b) In der Fußballbundesliga entscheidet bei Punktgleichheit die **Tordifferenz**.

c) Nach dem Einkaufen musste ich eine hohe **Summe** bezahlen.

d) Sportsendungen haben im Fernsehen hohe **Einschaltquoten**.

e) Unter den Aktionären wurde eine **Dividende** ausgeschüttet.

2. Welche Fachbegriffe fehlen in Aufgabe 1? Notiere sie mit ihrer Bedeutung in deinem Heft.

3. Berechne in deinem Heft.

a) Subtrahiere 27 von 114 und dividiere das Ergebnis durch 3.

b) Finde eine Multiplikation mit dem Ergebnis 112. Findest du weitere Multiplikationen, die zu diesem Ergebnis führen?

c) Findest du eine Multiplikation mit dem Ergebnis 31?

d) Mit welchen Rechnungen kann der Quotient 12 erreicht werden?

e) Wähle eine beliebige zweistellige Zahl und subtrahiere von dieser Zahl ihre Gegenzahl. (Hinweis: Die Gegenzahl von 13 ist 31, die Gegenzahl von 46 ist 64 usw.)
Beispiel: $81 - 18 = 63$

Was fällt dir auf, wenn du die Ergebnisse betrachtest?
Erkennst du in den Ergebnissen eine Regelmäßigkeit? Wie lautet diese Regelmäßigkeit?

Escher/Schulze/Zucker: Individuell fördern – Mathe 5: Natürliche Zahlen und Grundrechenarten © Auer Verlag GmbH, Donauwörth

2. RECHENREGELN

1. Rechne möglichst sinnvoll. Arbeite im Heft
   Tipp: Unterstreiche die Zahlen, die sich einfach addieren lassen, mit derselben Farbe.

Beispiel: 13 + 8 + 7 + 12 = 13 + 7 + 8 + 12 = 40

a) 17 + 19 + 21 + 16 + 13 + 31 + 28 + 32 =

b) 8 + 23 + 46 + 17 + 32 + 54 + 15 =

c) 39 + 18 + 74 + 92 + 81 + 43 + 36 + 57 =

d) 18 + 899 + 1 + 472 – 12 =

e) 19 + 23 + 45 + 17 + 31 + 18 + 5 + 62 =

f) 154 + 221 + 319 + 416 =

g) 28 + 15 + 24 + 36 + 45 + 27 + 15 + 12 =

h) 111 + 1023 + 89 + 317 – 70 =

2. Rechne auch hier sinnvoll in deinem Heft. Was fällt dir auf?

a) 2 · 14 · 5 =

b) 2 · 110 · 5 =

c) 2 · 14 · 50 =

d) 20 · 11 · 5 =

e) 2 · 14 · 500 =

f) 2 · 11 · 50 =

3. Berechne folgende Aufgaben in deinem Heft und achte auf die richtige Reihenfolge.

a) (37 + 48) : 5 = ____________

b) 201 + (300 – 8 + 32) – 3 · 9 = ____________

c) (400 – 8) : 8 = ____________

d) 17 · 2 – 15 : 5 – 2 = ____________

e) 400 – 8 : 8 = ____________

f) 7 · (35 – 23) + 4) = ____________

g) 30 · (40 + (20 + 30)) = ____________

h) 7 · (35 – 23) + 4 = ____________

4. Setze Klammern so, dass das Ergebnis stimmt. Arbeite im Heft.

a) 8 + 5 · 9 + 4 = 121

b) 3 + 3 · 5 + 9 = 45

c) 135 + 5 · 9 : 7 – 4 = 150

d) 48 : 4 – 2 = 24

e) 12 · 105 – 56 – 44 = 60

f) 7 + 48 : 8 – 2 = 15

ESCHER/SCHULZE/ZUCKER: INDIVIDUELL FÖRDERN – MATHE 5: NATÜRLICHE ZAHLEN UND GRUNDRECHENARTEN © AUER VERLAG GMBH, DONAUWÖRTH

3. Schriftliches Addieren

1. Addiere schriftlich. Überschlage erst im Kopf.

a)	b)	c)	d)
46 543	9 999	134 543 765	12 376 387
34 987	12 654	276 876 234	87 543 543
15 987	123 333	765 333 923	98 428 538
+ 765	+ 1 345	+ 234 765 222	+ 11 222 444

e)	f)	g)	h)
43 865	876	999 999 999	100 665 432
10 854	1 765	888 888 888	34 657
19 087	76 432	777 777 777	1 877 432
+ 12 544	+ 432 876	+ 666 666 666	+ 19

2. Überschlage im Kopf, schreibe untereinander und rechne schriftlich in deinem Heft. Achte auf die Einheiten. Wähle eine passende Einheit, sodass keine Kommazahlen entstehen.

a) 49 m + 87 cm + 44 dm = ____________________

b) 8 793 312 g + 14 kg + 6 323 g + 19 876 g = ____________________

c) 45 000 ml + 234 765 ℓ + 52 986 ℓ = ____________________

d) 65 765 kg + 12 t + 2 124 kg + 32 876 kg = ____________________

3. Fülle die Lücken aus. Versuche es im Kopf.

a) 4 __ 58 + 34 __ 6 + 7 120 = 14 834

b) 1 __ 4 + __ 22 + 21 __ = 1 074

c) 1 __ 258 + 93 __ + 1 111 = __ 8 308

d) 7 __ 48 + 6 92 __ + 8 438 = 2 __ 707

Escher/Schulze/Zucker: Individuell fördern – Mathe 5: Natürliche Zahlen und Grundrechenarten © Auer Verlag GmbH, Donauwörth

4. Schriftliches Subtrahieren

1. Überschlage im Kopf und subtrahiere dann schriftlich.

a) $\begin{array}{r} 134\,000 \\ -\ 34\,653 \\ -\ 76\,234 \\ \hline \end{array}$ b) $\begin{array}{r} 9\,000\,000 \\ -\ 165\,643 \\ -\ 4\,562\,863 \\ \hline \end{array}$ c) $\begin{array}{r} 980\,931 \\ -\ 234\,526 \\ -\ 563 \\ \hline \end{array}$ d) $\begin{array}{r} 14\,531\,853 \\ -\ 431\,628 \\ -\ 764\,652 \\ \hline \end{array}$

2. Subtrahiere schriftlich ohne Karopapier.

a) 8 636 742 – 563 215
b) 8632 – 64 – 863 – 85 – 854
c) 14 895 – 4632 – 731
d) 15 642 143 – 12 643 656
e) 17 432 – 64 – 74 – 289 – 642 – 531 – 8753

3. Andrea hat subtrahiert. Welche Aufgaben hat sie falsch gerechnet? Rechne nach.

a) $\begin{array}{r} 42765 \\ -\ 32543 \\ -\ 2456 \\ \hline 7766 \end{array}$ b) $\begin{array}{r} 38965 \\ -\ 23999 \\ -\ 34 \\ -\ 28 \\ \hline 14804 \end{array}$ c) $\begin{array}{r} 178494 \\ -\ 99430 \\ -\ 4853 \\ -\ 7370 \\ \hline 66841 \end{array}$ d) $\begin{array}{r} 1000000 \\ -\ 348532 \\ -\ 74742 \\ -\ 100874 \\ \hline 464852 \end{array}$

4. Überschlage im Kopf und subtrahiere dann schriftlich.

a) $\begin{array}{r} 256\,000 \\ -\ 99\,456 \\ -\ 3456 \\ \hline \end{array}$ b) $\begin{array}{r} 8\,455\,000 \\ -\ 234\,537 \\ -\ 3\,000\,654 \\ \hline \end{array}$ c) $\begin{array}{r} 405\,005\,005 \\ -\ 5\,643\,762 \\ -\ 700\,050 \\ \hline \end{array}$ d) $\begin{array}{r} 200\,542\,903 \\ -\ 146\,567\,764 \\ -\ 3\,000\,531 \\ \hline \end{array}$

5. Jerome hat 2 354,16 € auf seinem Konto. Er hebt folgende Beträge ab: am 31. Mai 240 €, am 4. Juni 160,20 €, am 16. Juni 254 € und am 21 Juni 234,25 €. Wie viel Geld hat er nun auf seinem Konto?

6. Morena hat einen 50-€-Gutschein geschenkt bekommen. Wenn sie weniger als 50 € ausgibt, bekommt sie den Restbetrag nicht ausbezahlt. Sie will daher möglichst genau 50 € ausgeben. Kannst du ihr helfen? Es dürfen Dinge auch mehrfach, aber nicht öfter als dreifach, gekauft werden.

Preise:

Hose 39,95 €	T-Shirt 19,68 €	CD 9,90 €	Schokolade 0,99 €	Cola 1,49 €
Pizza 3,39 €	Wasser 0,79 €	Zeitschrift 2,50 €	Kekse 1,49 €	Joghurt 0,39 €

Löse mit einer Subtraktion.

Escher/Schulze/Zucker: Individuell fördern – Mathe 5: Natürliche Zahlen und Grundrechenarten © Auer Verlag GmbH, Donauwörth

5. Addieren und Subtrahieren

1. Setze für x passende Zahlen ein. Denke jeweils an die Umkehraufgabe.
Arbeite im Heft

a) 32256 + x = 56983
b) x – 3343 = 8431
c) x + 47922 = 843342
d) 34527 – x = 3241
e) x + 4848 = 47826
f) 67472 – 42860 = x
g) 123854 + 763847 = x
h) x – 78478 = 84439

2. Rechenmauern: Addiere immer zwei nebeneinanderliegende Kästchen und schreibe die Summe in das darüberliegende Kästchen. Nebenrechnungen kannst du in deinem Heft ausführen.

a)

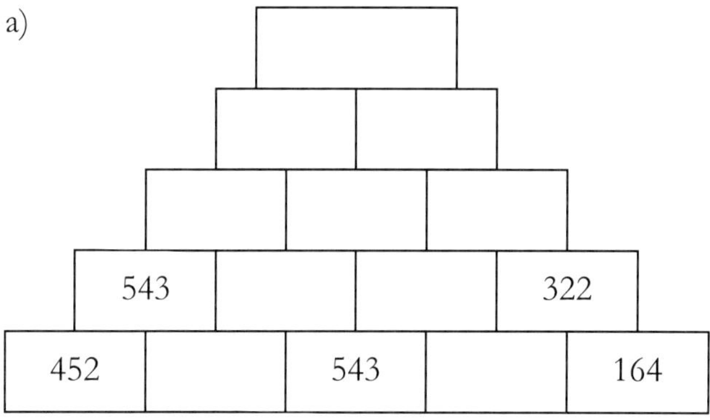

b)

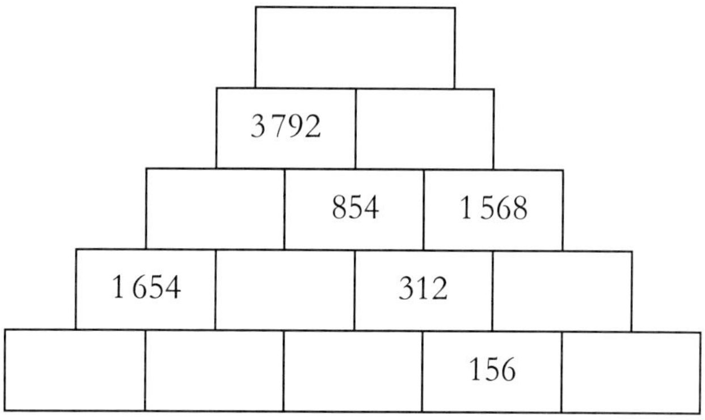

3. Berechne im Heft.

a) 43421 + 75432 – 4432 + 85535 = ______

b) 42444 + 75458 – 85235 – 9453 = ______

c) 47874 – (32313 + 211) – 8421 = ______

d) (42822 – 14932) – (1232 – 987) + 82 = ______

4. Auf Cindys Girokonto sind am 8. März 5482,13 €. In den folgenden Tagen gab es diese Ein- und Auszahlungen:

Datum	Einzahlung	Auszahlung
9. März	833,45 €	
10. März		2437,95 €
11. März	832,25 €	
12. März		6218,87 €

Wie hoch ist ihr Guthaben jetzt?

Escher/Schulze/Zucker: Individuell fördern – Mathe 5: Natürliche Zahlen und Grundrechenarten © Auer Verlag GmbH, Donauwörth

6. Schriftliches Multiplizieren und Dividieren

1. Multipliziere schriftlich in deinem Heft.

a) 1236 · 63445 = ____________________

b) 13453 · 76424 = ____________________

c) 77888 · 94246 = ____________________

d) 95345 · 62652 = ____________________

2. Berechne folgende Aufgaben in deinem Heft.

142857 · 1 = ____________________

142857 · 4 = ____________________

142857 · 2 = ____________________

142857 · 5 = ____________________

142857 · 3 = ____________________

142857 · 6 = ____________________

a) Wie lauten die Ergebnisse? Schreibe sie auf die Linien oben.
b) Was fällt dir beim Betrachten der Ergebnisse auf? Erkennst du eine Regelmäßigkeit?
c) Ist diese Regelmäßigkeit noch vorhanden, wenn wir den ersten Faktor mit 7 multiplizieren?
d) Gilt diese Gesetzmäßigkeit auch für andere Zahlen? Probiere es aus.

3. Stelle dir vor, ein reicher Mann würde dir folgendes Angebot machen: „Entweder zahle ich dir ein Jahr lang jeden Tag 100 € oder du bekommst am 1. des nächsten Monats einen Euro, am 2. verdopple ich den Betrag, am 3. verdreifache ich den Betrag, … und am 10. verzehnfache ich den Betrag."

a) Wie würdest du dich entscheiden?
b) Rechne beide Angebote aus. Wie viel Geld würdest du jeweils bekommen?
c) Wie hoch ist die Differenz?

Arbeite in deinem Heft.

4. Dividiere in deinem Heft. Überschlage die Rechnung vorher im Kopf.

a) 22246 : 7 = ____________________

b) 12133 : 11 = ____________________

c) 512162 : 14 = ____________________

d) 520300 : 220 = ____________________

5. Ein Großhändler bestellt 82 Fahrräder für 20172 €. Beim Weiterverkauf will er pro Fahrrad 84 € verdienen. Arbeite im Heft.

Escher/Schulze/Zucker: Individuell fördern – Mathe 5: Natürliche Zahlen und Grundrechenarten © Auer Verlag GmbH, Donauwörth

6. Berechne x.

a) $320 \cdot x = 5120$ b) $3658 \cdot x = 58528$ c) $135 \cdot x = 1065825$

7. Finde möglichst viele Teiler von 575 744. Bei den Divisionen darf aber kein Rest entstehen. Arbeite in deinem Heft.

8. Primzahlen sind Zahlen, die nur durch die Zahl 1 und sich selbst teilbar sind. Ein Beispiel dafür ist die Zahl 3. Wie viele Primzahlen findest du?

____

____

____

9. Elvira hat 2,60 €. Sie kauft sich im Geschäft A Lutscher für 13 ct. Dennis hat 3,80 €. Er kauft sich im Geschäft B Lutscher für 16 ct. Das Geschäft C hat die Hausnummer 9. Überlege dir eine Frage zu dieser Aufgabe und löse sie.

Frage: ______________________________?

Antwort: ______________________________

Escher/Schulze/Zucker: Individuell fördern – Mathe 5: Natürliche Zahlen und Grundrechenarten © Auer Verlag GmbH, Donauwörth

7. Alle Grundrechenarten

1. Setze hier Rechenzeichen so ein, dass Ergebnisse aus der rechten Spalte erzielt werden und verbinde mit Pfeilen.

Rechne dabei in deinem Heft.

16 848		936
18 043		846
16 848		226
2 417		23

18
17 197
55 591
17 074

2. Ein Schneider sagt zu seiner Kundin: „Sie brauchen bei Ihrem neuen Kleid nur die 20 Knöpfe zu bezahlen! Für den ersten Knopf verlange ich 1 ct, für den zweiten 2 ct für, den dritten 4 ct, für den fünften 8 ct usw.“ Arbeite im Heft.

3. Die Zahl Hundert lässt sich als Term mit 6 Einsen schreiben: $(11 - 1) \cdot (11 - 1) = 100$. Schreibe die Zahl 100 als Terme mit 5 und mit 7 Einsen, mit 5 Fünfen und mit 7 Fünfen. Arbeite im Heft.

4. Berechne die Lücken.

a) 57 + _____ = 653 b) _____ – 83 = 732 c) 14 · _____ = 252

d) 654 – _____ = 356 e) 564 : _____ = 141 f) _____ : 49 = 11

5. Hat das Jahr mehr Stunden oder der Tag mehr Sekunden? Berechne.

6. Wie oft kommt der Buchstabe „a“ in deinem Deutschbuch vor?
Überlege dir eine Lösungsstrategie und schreibe sie stichpunktartig auf.

7. Marco ist beim Einkaufen. Er kauft mehrere Packungen Eis zu je 0,98 € und mehrere Packungen Chips zu je 1,46 €. An der Kasse bezahlt er 8,78 €. Wie viele Packungen Eis und wie viele Packungen Chips hat er gekauft? Löse durch Probieren.

Escher/Schulze/Zucker: Individuell fördern – Mathe 5: Natürliche Zahlen und Grundrechenarten © Auer Verlag GmbH, Donauwörth

Name der Schülerin/des Schülers

Beobachtungszeitraum

I. Themenbereich Grundrechenarten

Der Schüler kann ...

Kompetenz	Ergebnis ☹	Ergebnis 😐	Ergebnis ☺	Notizen zu Beobachtungen
... Überschlagsrechnungen durchführen.				
... mit einfachen Zahlen im Kopf rechnen.				
... Normalverfahren bei schriftlichen Rechenoperationen richtig anwenden: addieren.				
... Normalverfahren bei schriftlichen Rechenoperationen richtig anwenden: subtrahieren.				
... Normalverfahren bei schriftlichen Rechenoperationen richtig anwenden: multiplizieren.				
... Normalverfahren bei schriftlichen Rechenoperationen richtig anwenden: dividieren.				
... vorteilhafte Rechenwege anwenden.				
... verschiedene Rechenwege finden.				
... vorteilhafte Rechenwege begründen.				

Escher/Schulze/Zucker: Individuell fördern – Mathe 5: Natürliche Zahlen und Grundrechenarten © Auer Verlag GmbH, Donauwörth

II. Arbeitsverhalten

1. Interesse (und Motivation)

Der Schüler …

- ☐ beteiligte sich einsatzfreudig und ausdauernd.
- ☐ beteiligte sich oft einsatzfreudig und ausdauernd.
- ☐ beteiligte sich je nach Interesse (am Unterrichtsgespräch).
- ☐ beteiligte sich kaum.

2. Konzentration (und Ausdauer)

Der Schüler …

- ☐ arbeitete besonders planvoll und konzentriert.
- ☐ arbeitete häufig planvoll und konzentriert.
- ☐ arbeitete selten planvoll und konzentriert.
- ☐ widmete sich nur kurzzeitig einer Sache.

3. Lern- und Arbeitsweise

Der Schüler …

- ☐ fand eigene Lösungswege, arbeitete selbstständig und eigenverantwortlich.
- ☐ erprobte eigene Lösungswege, arbeitete in der Regel selbstständig und eigenverantwortlich.
- ☐ erprobte Lösungswege mit Hilfestellung, musste zu selbstständigem und zügigem Arbeiten angehalten werden.
- ☐ schaffte es selbst mit Hilfestellung kaum, Lösungswege zu erproben, arbeitete oberflächlich und fehlerhaft.

III. Sonstige Anmerkungen

____

____

____

____

____

____

____

____

Escher/Schulze/Zucker: Individuell fördern – Mathe 5: Natürliche Zahlen und Grundrechenarten © Auer Verlag GmbH, Donauwörth

____
Name

I. Themenbereich Grundrechenarten

Lies dir folgende Aussagen in Ruhe durch. Überlege genau, welche jeweils auf dich zutreffen, und setze ein entsprechendes Kreuzchen unter „Ergebnis".
Wenn du zusätzlich noch etwas vermerken möchtest (z. B. wenn du etwas besonders gut kannst oder etwas noch sehr gut üben solltest), kannst du dies in das Kästchen „Notizen" schreiben.

Ich …

Wissen/Können	**Ergebnis**			**Notizen**
	☹ trifft gar nicht auf mich zu	😐 muss ich noch üben	☺ trifft auf mich zu	
… kann Rechnungen im Kopf zuerst überschlagen.				
… kann mit einfachen Zahlen im Kopf rechnen.				
… kann schriftliche Additionen richtig durchführen.				
… kann schriftliche Subtraktionen richtig durchführen.				
… kann schriftliche Multiplikationen richtig durchführen.				
… kann schriftliche Divisionen richtig durchführen.				
… kann vorteilhafte Rechenwege anwenden.				
… finde verschiedene Rechenwege.				
… kann begründen, welcher Rechenweg der günstigste ist.				

Escher/Schulze/Zucker: Individuell fördern – Mathe 5: Natürliche Zahlen und Grundrechenarten © Auer Verlag GmbH, Donauwörth

II. Arbeitsverhalten

Bei der Beantwortung der folgenden Fragen sollst du selbst einschätzen, wie du im Unterricht arbeitest. Lies dir deshalb alle Antworten in Ruhe durch und entscheide dich dann für diejenige, die am besten auf dich zutrifft.

1. Interesse (und Motivation)

Am Unterricht beteilige ich mich …

- ☐ häufig und während der ganzen Schulstunde.
- ☐ während der ganzen Schulstunde immer mal wieder.
- ☐ immer dann, wenn mich das Thema interessiert.
- ☐ eher selten oder gar nicht.

2. Konzentration (und Ausdauer)

Wenn es Aufgaben zu bearbeiten gibt, dann …

- ☐ erledige ich diese immer konzentriert und schnell.
- ☐ bemühe ich mich darum, diese möglichst schnell und konzentriert zu bearbeiten.
- ☐ bin ich nicht immer bei der Sache und schweife manchmal ab.
- ☐ bin ich immer nur kurz oder gar nicht bei der Sache.

3. Lern- und Arbeitsweise

Wenn es darum geht, knifflige Aufgaben selbstständig zu lösen, …

- ☐ bin ich immer bei der Sache und komme meistens schnell zu einer richtigen Lösung.
- ☐ komme ich meistens von allein auf die richtigen Lösungen und brauche nur selten Hilfestellung vom Lehrer.
- ☐ schaffe ich das mit einiger Hilfe durch den Lehrer meistens ganz gut.
- ☐ fällt mir das sehr schwer und ich brauche oft viele Hilfestellungen und viel Zeit, um zu einem richtigen Ergebnis zu kommen.

III. Zusammenfassung

Hier kannst du für dich noch einmal zusammenfassen, was du gut kannst, wo du Probleme hast und was du besser noch einmal üben solltest.

1. Was kann ich gut?

____

2. Was finde ich schwierig?

____

3. Was muss ich noch mal üben?

____

Escher/Schulze/Zucker: Individuell fördern – Mathe 5: Natürliche Zahlen und Grundrechenarten © Auer Verlag GmbH, Donauwörth

Bildquellenverzeichnis

Einführungsmaterial

Plastikbälle © der Schmock/www.fotolia.com

Escher/Schulze/Zucker: Individuell fördern – Mathe 5: Natürliche Zahlen und Grundrechenarten © Auer Verlag GmbH, Donauwörth

Auer

Auer empfiehlt

Die optimale Ergänzung zu diesem Buch:

96 S., DIN A4, mit CD-ROM

▸ Best-Nr. **06585**

Ulrike Misdziol

Individuell fördern: Mathe 5

Fördermaterial

▸ Individuell fördern? – So geht´s!

Dieser Band bietet Ihnen eine Vielzahl an Kopiervorlagen zu allen lehrplanrelevanten Themen. Der erste Teil des Bandes greift grundlegende Kompetenzen der 4. Klasse auf. Schritt für Schritt wiederholen Ihre Schüler so Basiswissen und bauen eine solide Grundlage für die Weiterarbeit in Klasse 5 auf.

Der zweite Teil des Buches beschäftigt sich mit den Lehrplanthemen der Klasse 5, wobei diese auf ein einfaches Anforderungsniveau reduziert sind, sodass die Schüler ganz gezielt gefördert werden, und eine Basis für die Weiterarbeit mit schwierigeren Materialien geschaffen wird.

Auf der beiliegenden CD-ROM finden Sie alle Materialien sowie ausführliche Lösungen zu den Arbeitsblättern in editierbarer Form, um sie noch individueller auf Ihre Lerngruppe zuschneiden zu können.

So wird der Lernerfolg wirklich jedes Schülers gesichert!

Die Themen des Bandes:

Natürliche Zahlen bis 1 000 | Grundrechenarten | geometrische Grundfertigkeiten | geometrische Figuren und Körper | sachbezogene Mathematik

WWW.AUER-VERLAG.DE

WEBSERVICE

www.auer-verlag.de/go/ **6585**

▸ Diesen Service bieten wir Ihnen zu beworbenem Titel bei uns im Internet:

Blättern im Buch

Leseprobe

Bestellschein (bitte kopieren und faxen/senden)

Ja, bitte senden Sie mir gegen Rechnung:

Anzahl	Best.-Nr.	Kurztitel
	06585	Individuell fördern Mathe 5: Fördermaterial

☐ Ja, ich möchte per E-Mail über Neuerscheinungen und wichtige Termine informiert werden.

E-Mail-Adresse

*Der E-Mail-Newsletter ist kostenlos und kann jederzeit abbestellt werden. Ihre Daten werden im Rahmen der gesetzlichen Vorschriften geschützt.
Nähere Informationen zum Datenschutz finden Sie unter: www.auer-verlag.de/go/daten

Auer Verlag GmbH
Postfach 1152
86601 Donauwörth

Fax: 09 06 / 73-177
oder einfach anrufen:
Tel.: 09 06 / 73-240
(Mo-Do 8:00-16:00 & Fr 8:00-13:00)
E-Mail: info@auer-verlag.de

Absender:

Aktionsnummer: 9005

Vorname, Nachname

Straße, Hausnummer

PLZ, Ort

Datum, Unterschrift